北京楚尘文化传媒有限公司 出品

理想的料理道具

创业于明治四十一年［1908年］的百年老铺
釜浅商店

釜浅商店
第四代店长
［日］熊泽大介——著
王思怡——译

中信出版集团 · 北京

前言

总能助我一臂之力的，就是“优质厨具”！

要说能令厨艺精进的捷径，那绝对是选择“优质厨具”了。无论多专业的寿司店，如果使用的刀具不够锋利，就无法切出切口平整的漂亮寿司；无论手艺多么精湛的厨师，若是用底薄得如同玩具般的平底锅，就会很快煳锅，煎不出美味的牛排。

在我们位于东京合羽桥的厨具专卖店——“釜浅商店”，每天都有很多料理界人士前来选购厨具。这些客人教给了我一件事：

“优质厨具总能助我们一臂之力。”

也就是说，精致、美味的料理只有使用优质厨具才能做得出来。我们应该像创作出这些美味料理的厨师一样，精心选择适合自己的、顺手的优质厨具。

那么，什么是优质厨具呢？

在本书中，我总结了我们釜浅商店所认为的优质厨具、与这些厨具的相处之道和建立信赖关系的方法。阅读本书之后，如果各位读者能够比以往更加爱惜煮锅、平底锅、菜刀，对每天的烹饪以及生活感受到更多的乐趣，那么本人荣幸之至。

目录

了解厨具　其一

丰盈生活的厨具自有其『道理』

所谓“优质厨具”，到底是什么样的呢？

我在店里经常会被顾客问到这个问题。每当这时，我都会回答：“自有其道理的厨具。”

厨具并不是设计师心血来潮，或是为了外形美观而设计出来的，为什么设计成这个形状，为什么使用这个材质、涂上这种颜色，实际上这些问题全都有确切的理由。我们的祖先使用各种方法不断改良这些厨具，为了使其更加便利，更加具有功能性，且能令人更加愉快地使用，它们凝结了无数人智慧与努力的结晶。这样的厨具才能被称为优质厨具。

因此，是否有这种“理”，就成了选择厨具时的标准。理的部分基本上不会彰显于外，反而表面看起来是朴实无华的。但是，在使用的过程中，就会一点一滴地显露出其优势，并在不知不觉间抓住使用者的心。

对这样的厨具，我们不叫料理厨具，而称之为“良理工具[1]”。

在切实理解了“理”的基础上使用这些有“理”的厨具，即便烹饪步骤和做法没有改变，也会令人不可思议地感到自己的厨艺大长。实际上，在品尝用这些厨具做出的美食时，绝对会感到比以前更好吃。如此以来，就一定会萌发出下次再用这些厨具做点儿什么的念头。

而你会恍然发现，每天的生活竟也变得如此令人期待和雀跃。与优质厨具的相遇为平凡的日常生活带来了活力和劲头，生活方式也会因此变得更加丰富多彩。

从右起分别为：铁釜［30cm］、南部铁壶［1.5L］、寿喜锅、南部圆浅锅［22cm］、南部寄锅［24cm］。

铁壶

观赏、触摸，在日常中感受南部铁器的妙处

南部铁器乍看之下可能会给人门槛太高、不易上手之感，但如果要了解凝聚制作者大量智慧与技术的厨具的话，它却是最合适的教材。在铁器中，最具象征性的就是这款铁壶。因其材质为铸铁，所以能较长时间保持壶内热水的温度，兼之极具特色的造型，令人赏心悦目。南部铁壶［1.5L］。

提梁（把手）内部中空。这一设计使铁壶释放出热气，无论多热都可以徒手轻松握住。

铁壶内部呈灰色。一千度高温下烧得赤红的“釜烧”作业使其表面附着上了一层能防止生锈的氧化膜。

铁壶是茶道领域中备受茶人喜爱的茶具，手工匠人经过精心的手工作业制作出的花纹和图案让人感受到侘寂[2]的日式美学。

铁釜

为了使烧出的米饭更好吃 经过深思熟虑的功能美

过去，日本人就是用这种釜锅来烧饭的。因其材质是铁，所以导热性能优异，铸铁的表面还能够去除水中的杂质。多余的水分还能被木盖吸收，因此能做出较有嚼劲、软糯蓬松的米饭。铁釜［30cm］。

凸边的用处是将铁釜架在柴灶上。这一设计能使铁釜整个被火焰包住，使热量能够均匀地传递，为米饭创造出最合适的烧制环境。

木盖除了能对铁釜进行密封，还能起到吸收釜内多余水分的作用。其好处是防止米饭因水多而变黏。

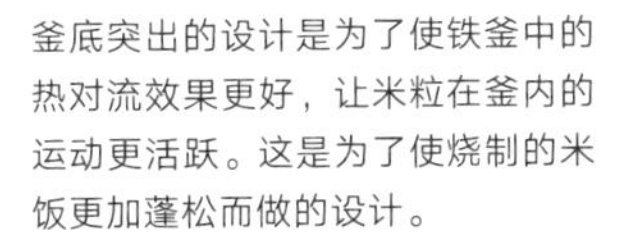

釜底突出的设计是为了使铁釜中的热对流效果更好，让米粒在釜内的运动更活跃。这是为了使烧制的米饭更加蓬松而做的设计。

铁锅有多种多样的形状和大小，一般多给人用来制作寿喜锅和泥鳅锅等日式料理的印象，但实际上铁锅从烧到炒、炸，以及煎肉料理等各种各样的料理形式全都可以实现，是非常好用的一款厨具。南部浅锅［22cm］。

铁锅

乍看简单，其实精巧好用，什么都能做

据说，这种表面粗糙的铁器能在每次制作美食的过程中使食物有效摄取厨具中的铁元素。

有三个支脚的锅具有稳定性，因此可以在制作完美食后直接当成盘子端上桌。

日式菜刀

那些菜刀
受到全世界赞赏
创造出日本料理之美

刀具分为两大类别，一类是只有一侧有刃的单刃，一类是两侧都有刃的双刃。单刃诞生于日本，是与日本的饮食文化共同发展出来的，因此被称为“日式菜刀”。生鱼片的那种光滑断面只有用日式菜刀才能够切出来的，这展现了日式美感。出刃[3]［15cm］。

金属部分与刀柄相连的部分称为“口[4]”。其材料多使用水牛角[5]，这种材质同刀柄的木头一样具有沾水时防滑的性能。

如果仔细观察刀柄尾部，可以发现其呈椭圆或栗子的形状。这是出于便于抓握、防止打滑的考虑而设计出来的。

单刃菜刀的构造使其易于进行将有刃的一侧［外侧］朝下拉切这种水平运动。另外，为避免破坏鱼类纤维，刃尖也设计得非常锋利。

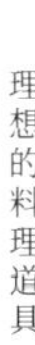

西式菜刀

小巧的外形及其性能能够灵活应对各种各样的场景

由于双刃菜刀多是从海外引进的，因此被称为“西式菜刀”。西式菜刀擅长处理肉类，处理蔬菜和鱼类也不在话下，真正是一位万能型选手。一般普通家庭也能轻松使用这类刀具。切法为由上自下压切。牛刀[21cm]。

与日式菜刀不同，西式菜刀两侧都有带角度[6]的刀刃。为使切肉时更加轻松，刀尖呈锐利的尖角。

刀柄是把树脂和木头进行固定后再用铆钉加固。与残留着匠人[7]手工作业气息的日式菜刀相反，西式菜刀多为工厂批量生产的产品。

平底锅

了解厨具的材质和加工方式 能够发挥出 厨具特有的风格和特色

简单地说，平底锅的材质有铝、铁和不锈钢等，也有不易烧焦和不易粘锅的特殊材质，每一种材质各有优点。最近大家反而喜爱又重又容易生锈的铁质平底锅。手工铁打平底锅［22cm］。

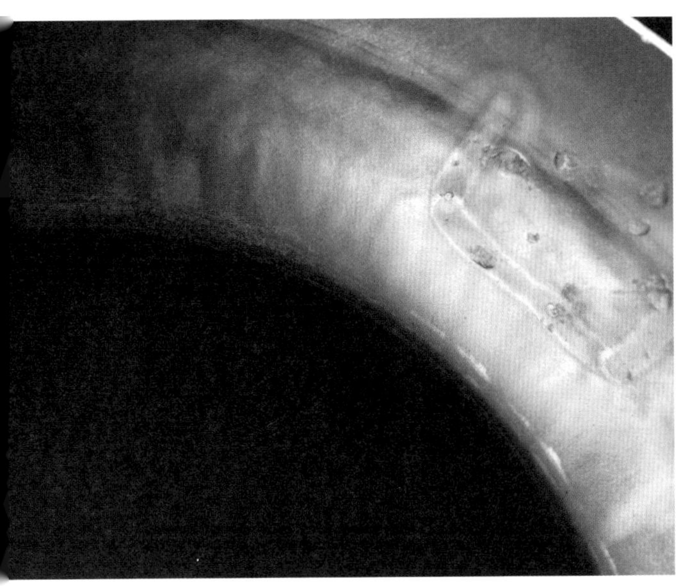

经过铁锤三千次敲打，锅底被打出了凹凸不平的起伏。这种凹凸被油脂浸染后会产生漂亮的焦痕。手柄没有使用螺丝固定而是直接焊接在锅体上，因此锅体内侧没有多余的凸起，使用起来更加便利。

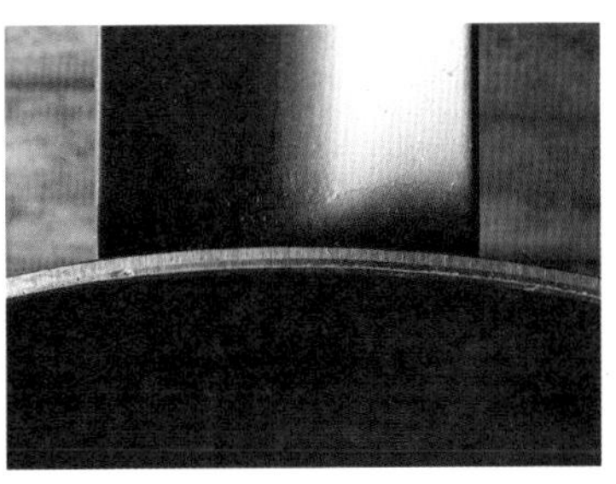

锅体厚度为 2.3mm，比一般的锅更加厚实，因此导热性能更加优越，储热性也更好。在进行炒制等加工时能够使做出的食物更加清脆爽口。

手柄的位置较低，因此还可以盖上锅盖进行焖烧。这种平整的造型也非常美观。

雪平锅

常派上用场
很少当配角
几乎都是主角

炖煮、焯烫、熬制高汤，这就是每天都会用到的雪平锅的功能。如果能对这类厨具稍加关注，就能使每天的日常生活更加快乐。这款雪平锅是由匠人手工打造的，通过光的不同反射方式能够欣赏到锅具的多种风情。铝质姬野造[8]手工双口雪平锅［15cm］。

由于分别使用了三种不同的锤子，因此锅体凹凸不平。通过敲打使铝质紧密，非常结实。

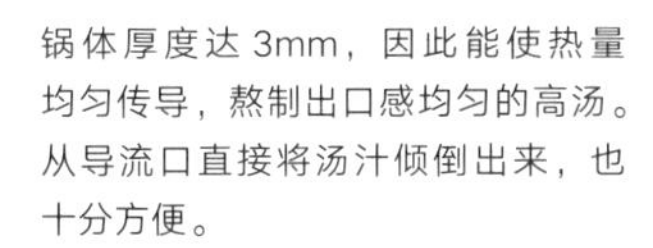

锅体厚度达 3mm，因此能使热量均匀传导，熬制出口感均匀的高汤。从导流口直接将汤汁倾倒出来，也十分方便。

了解厨具　其二

与厨具的关系，始于『养护』

南部铁瓶［1.5L］

能够经久耐用也是优质厨具必备的条件之一。不过，为此则必须精心地对待厨具，根据不同情况，在使用前必须要经过各种各样的调整，以便使厨具使用起来得心应手。如果不从使用之初就进行细致的维护和保养，就无法调动出厨具与生俱来的能力，更有甚者，会使厨具生锈、变钝，使用时无法随心所欲。

而若能够对厨具下一番功夫进行打理，就能使这些厨具变得如优质厨具般便于使用、让人得心应手。而且，由于使用者的使用习惯各不相同，厨具还能够迎合这些习惯，演变成独特的样貌，甚至在用惯了之后，展现出明艳动人的容姿，还能增加很多乐趣。可谓打造出了为使用者而存在的独有特征。

这就叫作“养护”。

虽说厨具自购买的一刻起便踏上了劣化之路，一旦不能用了就必须重新购买，但优质厨具反而越是用得惯，越会逐渐变得方便好用，外观也会变得饶有趣味、充满魅力。从某种意义上讲，这一未完成的部分正是为了迎合使用者的喜好而剩下的“留白”。

如果能与厨具建立起这种关系，则一定会使厨具养护变得充满乐趣。对厨具的喜爱也会一点一点逐渐涌现出来。如此一来，你就一定会真切感受到自己遇到了与自己共同成长、相伴一生的伙伴。

使用了五年左右后，灰色的内壁已经染上了红色。虽然看起来像是锈迹，但完全没有任何问题，因为这就是养护合理的证明。用到了这个地步已经无法放手了。顺便提一句，请注意务必不要过度清洗内壁。过度清洗会导致好不容易形成的表面皮膜剥离，导致生锈。

南部铁壶

一旦共同生活，就会成为无法取代的厨具

铁釜

时间的镌刻
留下了一个个划痕
让它更具魅力

即使凸边缺少了一部分，即使锅体残留着沸溢后的痕迹，这些也都是对口中塞满喷香米饭的美好回忆的记录。十年来的相处令人对这些划痕都感到无比爱怜。你一定会珍视它，想与之一生相伴，不仅如此，甚至想将它传承给下一代。

南部浅锅

被油浸染
泛着黑色油光
至今仍令我心驰神往

对于铁锅来说，最好的养护就是每天使用。每次使用铁锅制作美食时都能沾满油脂，使锅体表面形成一层皮膜。这样能防止食物在制作过程中烧煳烧焦，做出来的食物也比以往更美味。如此一来，使用者就会更想用它制作美食，与锅具持续一段长久的关系。

出刃

用惯的那把刀
讲述它曾做出的美味料理

这是东京惠比寿的隐秘人气料理店“鱼之骨”的店主樱庭基成郎10年间最喜欢用的一把出刃刀。白色的刀柄也因每天使用而变成了米黄色，平添了一丝古朴。用这把刀曾做出过怎样的料理，光是想象就令人兴奋、雀跃。

柳刃

虽然身量纤细，但却因其强烈的存在感令人无法移开目光

这把刀也是从樱庭先生那里借来的。磨刀时，有时候会削去刀刃部分，经过多次打磨后的刀具与新品相比，有时甚至只剩一半的宽度。这样一来，就会开始觉得这把刀是自己的分身了吧。

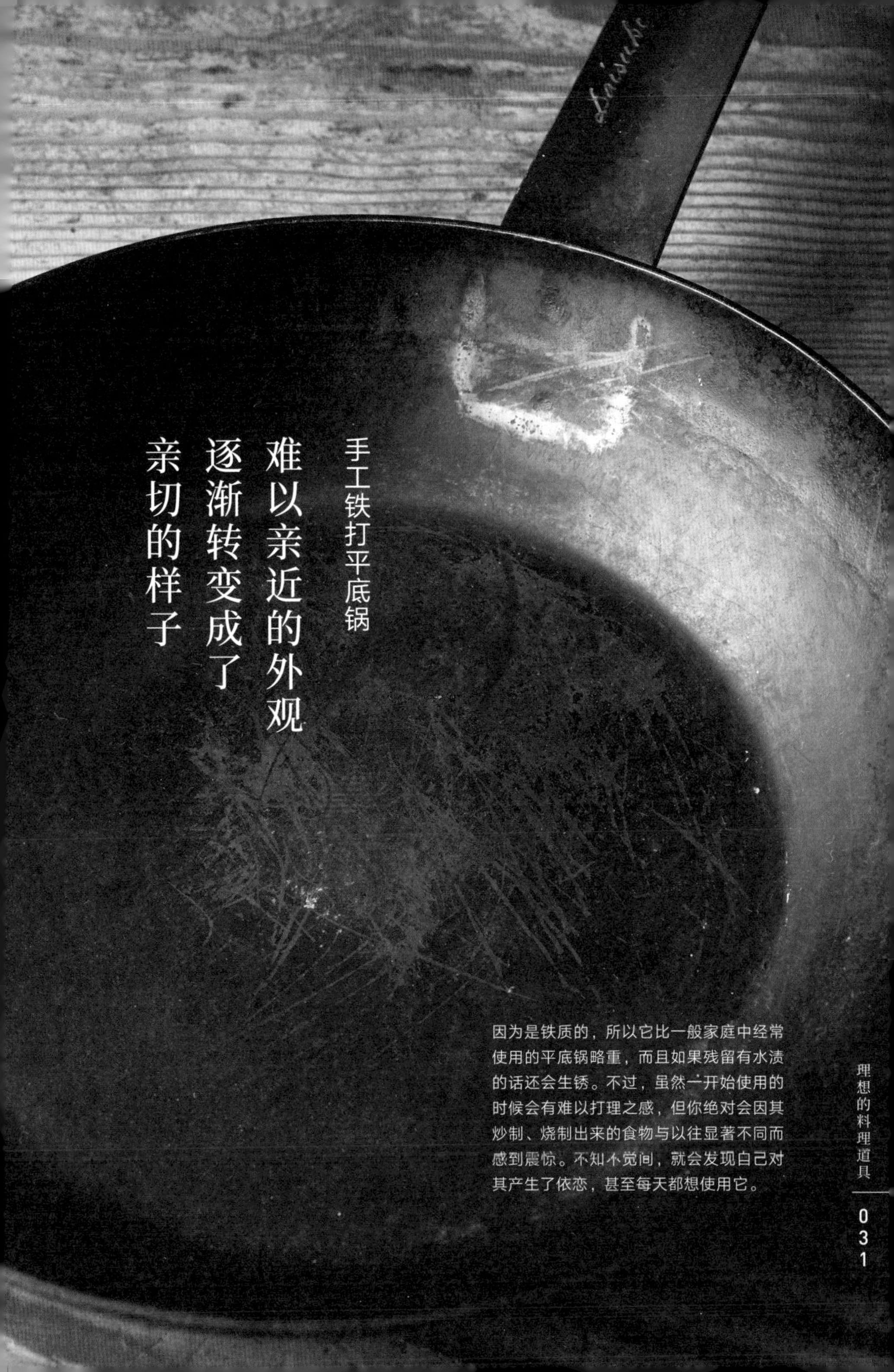

手工铁打平底锅

难以亲近的外观
逐渐转变成了
亲切的样子

因为是铁质的，所以它比一般家庭中经常使用的平底锅略重，而且如果残留有水渍的话还会生锈。不过，虽然一开始使用的时候会有难以打理之感，但你绝对会因其炒制、烧制出来的食物与以往显著不同而感到震惊。不知不觉间，就会发现自己对其产生了依恋，甚至每天都想使用它。

这款姬野制造的雪平锅在还是新品的时候就反射出耀眼的光亮。而使用后，失去了自身的光芒，反而产生了古朴、雅致的味道。令人仿佛感觉以前偶然来家里做客的客人不知何时起与自己开始共同生活，终于成了家庭的一员。

铝质姬野造手工雪平锅

新品的光鲜变成了带着食物美味的色调

1 此处日文原文为料理道具、良理道具，因其发音相同，取谐音之意。——译注（以下如无特殊标注均为译注）

2 侘び、寂び是日本美学的一个组成。冈仓天心将侘び译为“imperfect"，指外表残缺而粗糙。寂び在日本古语中意味“旧化，生锈”，组合在一起为老旧外表下的一种岁月之美。

3 传统的日本刀主要有四大类：出刃、薄刃、刺身、三德（万能）。出刃：一般就叫 Deba，日本人离不开鱼，处理鱼的刀自然有很多种，但是最主要的应该就是用这种出刃刀。

刀刃的角度称为刃角。刀是否锋利主要看材质和刃角。刃角的角度越大，

4 日式刀柄基本上是一体成型，在整个圆柱形柄材上开个洞，然后把刀插进去，再“上环”。这里所说的“口”即刀柄上方的“环”。

5 “口”的材质除了水牛角，还可以使用黄铜。

6 两刃面越锋利、平整，也越容易崩刃。

7 原文为职人，在国内也有直接称职人的说法。

8 日本本土锅具设计品牌——锅工房是日本著名的锅具手工制造工厂。由姬野氏开创于大正十三年（1924 年），锅具上会由匠人手工打上“姬野造”的标志，展示了制作者对自己作品的信心和自豪。现任工房负责人为第三代——姬野寿一。

南部铁器篇

让我们来了解一下厨具的“故事”吧！

产自盛冈和水泽是南部铁器的证明

要想与厨具和平“相处”，首先要了解厨具，这一点很重要，例如这件厨具是如何生产出来的、经历了何种背景和环境才走到了今天。了解厨具的生产过程，以及生产制作的地点等相关“故事”后，就能感到自己与原以为难以驾驭的厨具之间的距离似乎也缩短了。

铸铁的南部铁器诞生于江户时代[1]。位于如今的岩手县[2]的南部藩（现在的盛冈市），藩主特别喜爱茶道，茶道是当时武士的修养，因此在17世纪中叶，他从京都聘请制壶师为其制作茶壶，自此南部铁器宣告诞生。南部两字得名于该藩的藩名。

盛冈盛产作为铸造物原材料的优质砂铁，另外，由于南部藩拥有比日本其他地方更多的铸造师和制壶师，通过对这些专业人才的保护和培养，逐渐使当地的铸造物得到了发展。到了18世纪左右，茶壶经过改良，改小的铁壶诞生了，这样不仅是武士，一般的普通民众也能够轻松使用。

另一方面，同处岩手县伊达藩领地内的原水泽市（2006年由于同市町村合并，目前位于奥州市水泽区）从古至今一直以铸造锅具和风铃等日用品而闻名于世。与盛冈一样，这里的匠人们继承了历史悠久的、手工打造铸物的传统技术和技法。

目前，虽然日本全国各地都广布铸铁物的产地，但只有盛冈和水泽出产的铸铁物才被称为南部铁器。在购买铸铁厨具之际，重要的是首先确认其产地在哪里。

补充铁元素的厨具

每天早上喝用铁壶煮沸的白开水对身体有益，贫血人群以及孕妇最好食用用铁锅制作的食物。南部铁器一直以来都在向缺少生活智慧的我们传递这一点。实际上，这不是毫无根据的。

首先，铁壶有净化水质的作用。用铁壶将水煮沸，铸铁物表面就会附着上水中的杂质，使开水的口感更润滑、细腻。在釜浅商店，我们经常会将汲满自来水的铁壶加热，饮用煮沸后的白开水。这水既没有使用净水器，也不是塑料桶装水，但口感之润滑爽口令人惊叹。

更值得注意的一点是，用铁器做饭能使铁元素从厨具中溶解并析出，食用以这种方式做出来的饭菜能让人有效摄入铁元素。甚至有人指出，近来贫血的孩子增多了，而贫血的重要原因是由于人们不再使用铁质的厨具。

实际上，实验结果显示，厨具中的铁元素比食物中的铁元素更易被人体吸收。另外，食用天妇罗[3]等油炸食品，铁元素的吸收效果几乎为零，而奶油炖菜等长时间炖煮的菜肴以及用醋、番茄酱等酸性调味料制作的菜肴更易使食物中的铁溶解析出。

了解并利用这个“故事”，才更能体会出厨具所具有的优点。

南部寄锅［12cm］

拿在手中，会改变你对它的印象

因其质朴耐用、粗犷硬朗的外观而给人以男性化印象的南部铁器，实际拿在手中后，也会让人发现它亲切的一面。

在天气晴好的白天，把锅放在向阳处，锅就会散发出淡淡的光泽，展现出沉静、典雅的一面。正好两手合捧大小的铁锅圆润的样子让人感到无比小巧可爱，还会在不知不觉间体会到心灵相通的感觉。

具有这种魅力的铁锅最适合作为赠礼。收到礼物的那个人解开丝带、拆开包装纸的那一刻，觑到了装在里面的铁器，一定会感到一种特别的情绪。厨具就是这种——或许还没有人意识到——出人意料地很适合作为美观的礼物送人的东西。

南部寄锅［12cm］

南部寄锅［9・12・15cm］

锅体沉重自有其道理

使食材受热柔和而均匀

漆黑的色泽、坚硬的质地、古朴的风格，这些是南部铁器多见的样貌。呈黑色是因为涂上了一层防止生锈的漆涂层，原本铁的本色是灰色。拿在手中会感觉到其比一般的铝质厨具略重，因此能真实感受到铁质的特性。而且，因为壁体较厚，所以会觉得沉甸甸的。

不过，这种较重的材质有多种优势，因其壁体较厚，所以热量会缓慢传递给食材，使食材受热均匀而柔和。另外，一旦变热之后，热能就会进入铸铁物的粗糙粒子之中，因此铁锅会具有储热性，保温性也很好。

铝质锅具确实比铁质的更轻巧易用，但相反导热性却过于优异，因此容易导致只有锅底中心部分变热、容易烧焦等情况的发生。在这一点上，铁器受热均匀，因此制作出的菜肴不会出现部分烧焦的情况。

再有，由于铸铁物是将铁熔化后注入模型中铸造出来的，因此表面会出现细小气孔。在烹饪过程中，油脂会不断渗入这些气孔，形成难以生锈的、烧焦的膜。与味噌、酱油等调味品也很相配，易沾染上这些调味品的味道，让锅体自身散发出诱人的香气。

任何料理都应对自如

虽然许多器具统称为南部铁器，但其中有各种各样的形状、大小和类型。

铁壶／烧开水的工具，南部铁器的代表器型，它最早是一整天都放在地炉上加热的，因此手的提梁内部中空，无论壶体多么灼热，也能够徒手握住。使用过后，壶内壁会出现红色斑点，乍一看容易以为是锈迹，但只要白开水没有变红，就是正常的。这些斑点能使开水的口感更加润滑。

铁釜／就算平时都使用电饭煲做米饭，但如果偶尔在特别的日子用铁釜烧饭的话，就会享受到一段丰盈、美味的时光。锅体周围带有一圈凸边是为了将铁釜架在柴灶上。这一设计的巧妙之处在于，能使火焰不只集中在底部，还能包围锅体侧面，使热量均匀传递。在家里使用时，只需在炉灶上放上一个炉架，就能取得和柴灶相同的效果。为了能在铁釜中的米粒里形成对流，釜底部被设计成了圆球形。

铁锅／铁锅分为面锅、寄锅、寿喜锅、圆锅、灶台锅、焖锅、家用煎锅（平底锅型）等各种锅型。每种锅型的尺寸都很丰富。虽说每种锅型都按照具体的料理类型命名，但也不是说只能用于制作某一种菜肴，可以根据尺寸和形状进行调整。不管是烧制、炒制、炖煮、炸制、煎烤，以及烧饭等，铁锅制作各种料理都不在话下。因各锅型被命名为特定的名称，就难以察觉它的万能性，所以釜浅商店目前将以往一直被称为“手工制平底浅锅”的锅具改称为“南部浅锅”。

1　南部圆浅锅［24cm］
2　圆形烤锅
3　日式吊锅［15cm］
4　［上］南部圆锅［18cm］
［下］南部浅锅［22cm］
5　寿喜锅
6　南部寄锅［24cm］
7　平底煎锅
8　南部寄锅［9・12・15cm］
9　南部面釜［21cm］
9
7
8
6

4
1
2
5
3

南部铁器的制作方法

由手艺精湛的匠人一点一点纯手工打造

那么，南部铁器是如何制作的呢？下面就以铁壶为例，加以简单的说明。

1. 制图与木模

首先，思考铁器的设计（制图），然后根据图纸制作木模（制模）。

2. 铸造铸型

手拿木模来回旋转，同时将熔化的铁水注入，制成铸型。铁壶的模具雏形打造完成。

3. 押纹路

在铸型内部押上花纹，在铸型表面打上黏土，制作出细小的凹凸，这一作业称为“肌打”。

4. 中子制模

中子就是铸型中填入的砂型。这步是为了使铁壶内部中空。

5. 成型

将铸型放在手中，填入中子，这样铸型即宣告完成。

6. 熔铁与烧制

将铁放在熔炉中熔化，并将之注入铸型。

7. 出型

剥开外部铸型，取出里面的铁壶。

8. 去除锈气

为使壶体形成可防止生锈的氧化皮膜（表膜），将铁壶在炭火炉中烧烤（釜烧）。

9. 打磨与着色

用钢丝刷等器具刷磨壶体外部的氧化皮膜，涂抹上漆等植物性树脂。

10. 安装壶把

为铁壶安装上壶把。

写真提供：及源铸造

精细的手工作业，“生型”的铸造

顺便一提，铸型分为两种类型，其中一种叫作“烧型”，是用黏土和砂固定后进行烧制的传统制法。这种制法会使铁壶表面形成细小致密的花纹，非常美观，可以制作出轻薄、纤细的铁器。

而另一种类型是“生型”，是在砂中混合水以及凝固剂，然后进行压制、加固的制法。这种制法不需要经过像烧型一样烧制的工序，且取出做好的铸铁物时敲碎的砂还可以多次再利用，可以节约成本，适合大量生产的情况。

近年来，由于严酷的工作环境和不稳定的社会需求，以及来自其他产地的同类产品的竞争、制作者趋于高龄化、制作工厂倒闭、制作费时费力等原因，如此制作出来的南部铁器，出品数量现已呈逐年减少的态势。而另一方面，南部铁器在外国游客中具有极高的人气，目前处于一货难求的状况。正因为南部铁器是如此难得的优质厨具，所以我们认为，必须要借助更多的销售手段来尽可能地让更多的消费者得到使用的机会。

南部铁器的使用

用 22cm 的南部浅锅可以制作出这样的佳肴！

虽然南部浅锅给人的印象是以制作寿喜锅和什锦火锅为主，容易让人觉得是制作日式料理的专用厨具，但其实它是适用于各种料理方式的可靠搭档。

既然是铁锅，烧制菜肴自然不在话下，除此之外还能进行炒制、炖煮、炸制，以及煎烤。这款铁锅还能烧饭，简直是一锅在手，即可完成包括从日式到西式、从中式料理到西班牙料理的范围广泛的各种美食制作。而更令人欣喜的是，它还能直接作为盘子端上餐桌。

使用南部铁器中通用性最高的 22cm 南部浅锅，就能在自己家中制作出如此美味的佳肴。

番茄寿喜烧

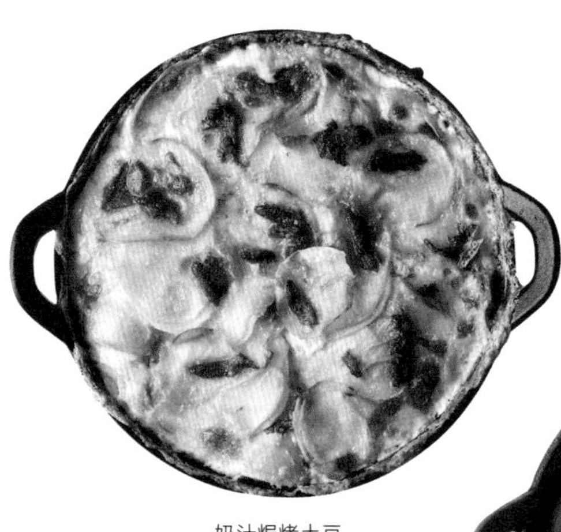

奶汁焗烤土豆

日式炖煮牛肉饼

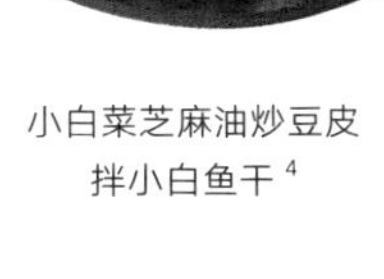

小白菜芝麻油炒豆皮
拌小白鱼干[4]

香煎鸡肉

NANBUTEKKI

南部浅锅菜谱

[22cm]

番茄寿喜烧

材料［4 人份］

寿喜烧用牛肉……400g
芹菜或水芹……适量
洋葱……4 颗
番茄（一口大小）……6 个
大蒜……2 瓣
橄榄油……适量
寿喜烧酱汁（市面上销售的即可）……适量

做法：

① 在浅锅中倒入橄榄油和切成片的大蒜翻炒，炒出香味后加入切成厚片的洋葱，用大火继续翻炒直至炒熟。
② 在 1 中加入寿喜烧酱汁，再加入牛肉、水芹、番茄一起炖煮。待番茄煮至约有一半不再成形、剩下一半量的番茄完整的时候，即可出锅。
③ 将锅内残留的酱汁继续稍稍炖煮，加入煮好的意大利面、芝士粉，即可打造出那不勒斯风味。

奶汁焗烤土豆

材料［4 人份］

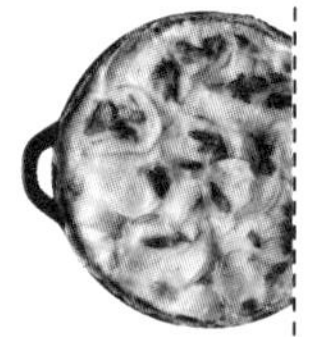

鲜奶油……200cc
凤尾鱼罐头……一罐
土豆……3~4 个

做法：

① 土豆洗净去皮，切片后用水漂洗，放入沥水篮沥干水分。
② 在浅锅中将 1 平铺摆放，凤尾鱼用手撕碎后撒入锅内。
③ 在 2 中加入鲜奶油，放入烤箱烤 15~20 分钟，即告完成。

[也可根据个人口味加入芝士]

日式炖煮牛肉饼

材料［2 人份］

牛肉馅……300g
洋葱……1 颗（切末）
胡萝卜……1/2 根（切末）
胡萝卜……1/2 根（用奶油煮）
大蒜……1 瓣（切末）
蘑菇……一袋（稍微炒制一下）
面包粉……1/2 杯
肉豆蔻……适量
蛋黄……1 个
盐、胡椒粉……各少许
法式多蜜酱汁（市面销售的）……适量
色拉油……适量

做法：

① 在碗中放入牛肉馅、炒过的洋葱末、胡萝卜末、大蒜末、面包粉、肉豆蔻、蛋黄、盐、胡椒粉，充分搅拌直至黏稠。
② 在浅锅中涂抹一层薄薄的色拉油后加热，将成型的牛肉饼煎至两面微焦。
③ 加入用奶油煮好的胡萝卜、蘑菇、法式多蜜酱汁，盖上铝质锅盖，炖煮 15 分钟后，即可出锅。

小白菜芝麻油炒豆皮拌小白鱼干

材料［2 人份］

小白菜……一把
豆皮……一张
小白鱼干……适量
芝麻油……适量
盐、酒……各少许

做法：

① 在浅锅中用芝麻油将豆皮和小白鱼干炒至焦黄。
② 在 1 中加入切成大段的小白菜继续翻炒。
③ 最后烹入酒，加盐调味，即可出锅。

香煎鸡肉

材料［2 人份］

鸡腿肉……1 块
橄榄油……适量
大蒜……1 瓣（切末）
盐、胡椒粉……各少许
A（四季豆、小番茄）……适量

做法：

① 在鸡肉上撒上盐和胡椒粉，用手揉搓，使其入味。
② 在浅锅中加入橄榄油，放入蒜末翻炒。炒出香味后盛出备用。
③ 将鸡肉带皮的一面放入锅中煎烤，待煎到焦黄后即翻面用小火继续煎 15 分钟。放入 A 一同煎。
④ 最后将蒜末倒回锅内，即可出锅。（可加入柚子胡椒[1] 和松露）

1　柚子胡椒，日本九州地区特有调味料。柚子胡椒不是胡椒，而是因为日本九州人叫辣椒为胡椒。用九州的小型青柚（日本的柚子不能当成水果吃，只能泡茶、泡澡或者用作酱料，所谓南橘北枳）的青色柚皮加上朝天辣椒，和在一起，加入盐，剁碎，然后手工研磨制成。

< 南部寄锅［24cm］>

番茄煮鸡肉蘑菇

材料［4 人份］

鸡腿肉……约 300g
菌菇类……适量
（金针菇、栗蘑、玉蕈等）
土豆……2 个
西兰花……半颗
去皮番茄罐头……1 罐
大蒜……1 瓣（切末）
橄榄油……适量
肉桂……1 片
盐、胡椒粉……各适量
高汤粉……颗粒装 1 大勺或块状 1 块

做法：

① 将鸡肉、蘑菇、土豆、西兰花均切成一口大小，把鸡肉用盐和胡椒粉腌制一会儿使其入味，将土豆、西兰花在开水中略微焯烫后备用。
② 寄锅中倒入橄榄油，放入蒜末炒香后下入鸡肉煎至表面焦黄，除西兰花之外的蔬菜、蘑菇均下入锅内略翻炒。
③ 加入整颗去皮番茄、肉桂、浓汤宝，炖煮 10 分钟后，加入西兰花。
④ 所有食材均煮熟后加入盐和胡椒粉调味，即可出锅。

< 南部浅锅［20cm］>

西班牙海鲜饭

材料［1~2 人份］

大米……1 杯（180ml）
喜欢的海鲜：
虾……2 只　乌贼……4 片
蛤蜊……2 个　扇贝……2 个
喜欢的蔬菜：
芦笋……2 根
甜椒……红椒或黄椒 1/3 个
西班牙海鲜饭汤料（市面售卖的即可）……200g
肉桂……1 片

做法：

① 海鲜预先处理好。将蔬菜切成一口大小。米不用淘，直接使用。
② 在浅锅中放入大米、西班牙海鲜饭汤料、肉桂，平铺整个锅底。
③ 在其上铺上海鲜和蔬菜，汤煮沸后盖上锅盖，用中小火焖煮约 10 分钟。
④ 锅盖不掀开，再继续蒸 10 分钟左右，即可出锅。

［菜谱制作：熊泽三惠子］

拥有南部铁器的生活

在适应、熟习锅具使用方法的同时，使普通的日常生活变得更有品位

南部铁器总带有一丝不同寻常的、孤高、疏离的气质。然而，一旦将之引入自己的日常生活之中，它就会出人意料地融入其中。

不仅可以作为厨具使用，作为室内装饰杂货也未尝不可。可以放上一些小物件，或是盛放小点心等。因为锅具本身很重，所以也可以作为镇纸使用。于是，这充满旨趣的容姿就在不知不觉间提升了整个房间的品质和格调，产生了令人惊艳的效果。

南部寄锅［9cm］（上面两图也为同款）

南部寄锅［15cm］

如果想让休息日的早午餐有次别具一格的体验，那么可以试试用铁锅代替平底锅。漆黑的铁锅上盛放着煎蛋，那鲜艳的白色与金黄色能让你充满食欲，带给你幸福的感受。南部浅锅［22cm］。

南部铁器的选购方法

将实物拿在手里，试着与厨具对话

下面，我将购买南部铁器时的标准和要点总结如下。

确认产地

南部铁器仅指产自发祥地盛冈和奥州市水泽区（原水泽市）的铁器。其他产地虽然也制作铁器,但如果想要购买正宗的南部铁器，则需要首先确认其产自哪里，确认时请将包装翻过来查看或询问店内工作人员。

如果说到品牌,盛冈的“岩铸”和奥州市水泽区的“及源铸造”可以作为代表，还有一些小工厂的做工也很出色，釜浅商店里就有这些工厂制作的南部铁器。既然要用，当然要用原产地的真品。

查看厨具内部

虽说铁壶在土特产专卖店或古董店内也有售，但其中大多数都是用于鉴赏的工艺品，要么使用没多久就会生锈。好不容易买到手的铁壶，如果不能在日常生活中长久使用就太遗憾了。那么，下面就教给大家不会买错的要点。

仅从外观几乎无法辨别铁壶的优劣，所以，记住一定要打开壶盖查看一下内部。如果做过防止生锈的釜烧，壶体内部必定会呈灰色。不要购买内部涂黑的茶壶以及带茶滤的（铁壶原本没有这一功能）茶壶。另外，有些铁铸的锅具中，也有一些会为了防止生锈及产生铁锈味而做一些珐琅处理。虽然这样一来，打理起来会更容易，但也因此让人无法摄取铁元素、领略到让水质口感润滑等铁器原有的妙处了，这也真是暴殄天物。如果你想要“真正地”与厨具接触，就选择内部没有光滑涂层、彻底保留铁器原有“素颜”的铁壶吧。

CHECK 3

大小不能兼用

有很多来店购买铁器的顾客们，都会向店员咨询：“平时虽然是我们两个人吃饭，但孩子们偶尔也会过来玩儿，所以是不是买一个能做 5 人份饭菜的铁釜更合适啊？”但是，如果一年只有几次做 5 人份饭菜的话，又何必如此呢？每天都用这种 5 人份的锅具做饭不仅太大，而且清洗起来也很麻烦，最后肯定就不会再使用它了。所以，应该选择平时使用的尺寸。选购南部铁器，原则就是“大小不能兼用”。

CHECK 4

考虑好使用场景

想用这款厨具制作什么菜肴？想好这一点也很重要。自己平时经常做的菜，或今后想要尝试去做的菜，可以使用想买的这款厨具来制作的频率是多高。铁器正因是铁质的，所以越是不用越容易生锈。“每天使用”，这对于厨具来说才是最理想的状态。

总之，我建议不要通过网购的途径购买，而应到销售这些铁器的实体店去，拿在手中反复确认，尝试与厨具进行交流。

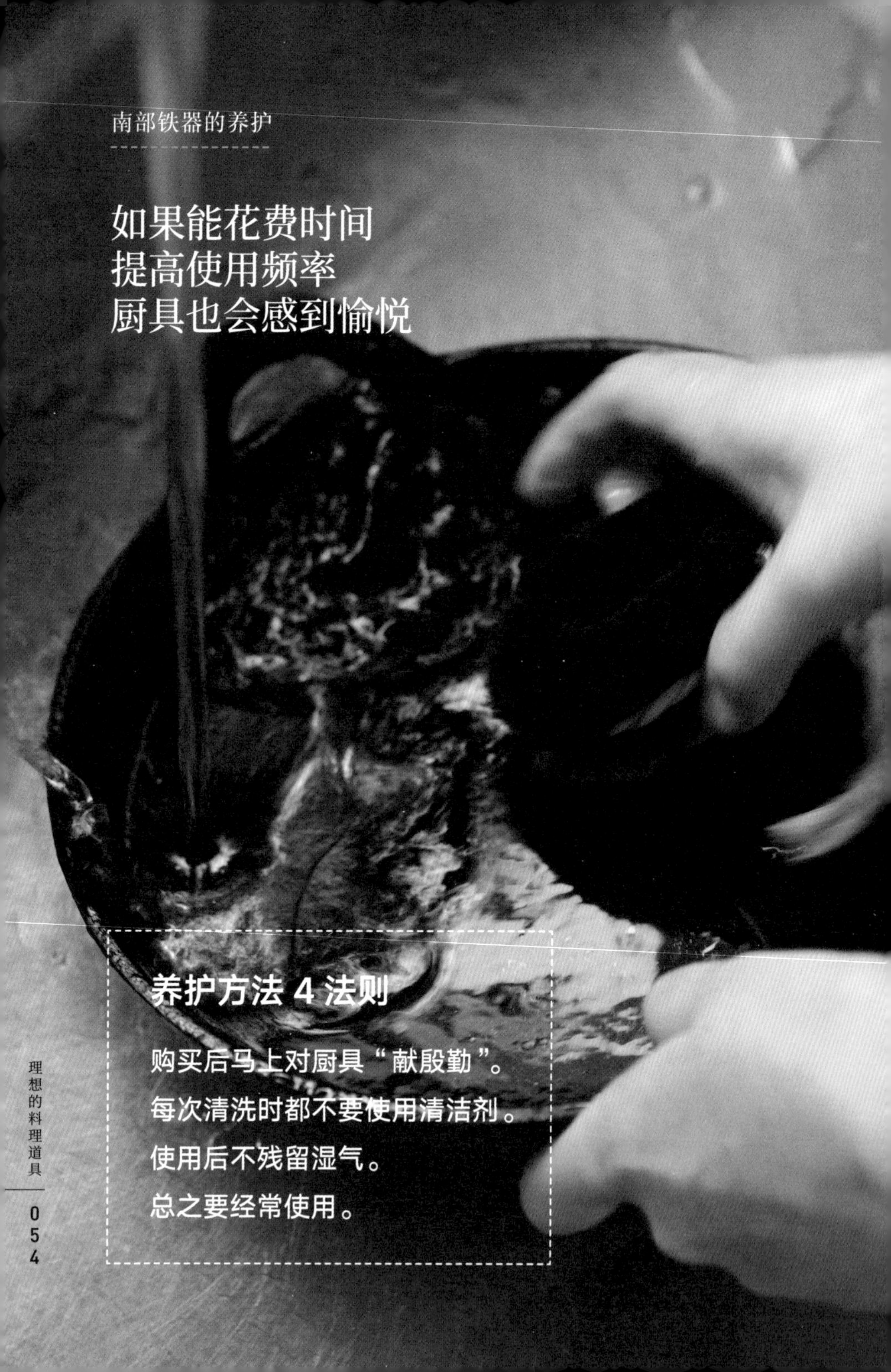

如果能花费时间
提高使用频率
厨具也会感到愉悦

养护方法 4 法则

购买后马上对厨具“献殷勤”。

每次清洗时都不要使用清洁剂。

使用后不残留湿气。

总之要经常使用。

南部面釜［21cm］放入蔬菜残渣，进行保护油层的“仪式”。

使用前的养护程序

全新的南部铁器还残留着些许铁锈味。铁锅表面都涂上了一层植物性树脂经燃烧后形成的涂层，所以会煮出黑色碱液。虽然吃进去对人体无毒无害，但看起来不太美观。另外，最初使用时，锅体表面没有油脂，容易烧焦，所以将南部铁器买回家后，要想与其和睦相处，必须要先进行以下几个“仪式”。

首先，铁壶请用水冲一两次之后，灌水煮沸并倒掉，反复多次（标准为 3 次）。而铁锅的话，则将大葱、芹菜、姜等气味较强的蔬菜切成碎末放入锅中，再在锅中倒入较多的油，用小火翻炒。翻炒 10 分钟左右后，将水快速倒入锅内并小火炖煮 1 小时左右（铁釜较深，因此需半天左右）。这样一来，就能清除铁锈味，同时还能在锅体表面形成一层油膜，以后再用就不易烧焦，也不易生锈了。

烹饪时的注意事项

铁器是铸铁物，因此强度介于金属和陶器之间。所以，掉落的话当然会摔碎，急剧的温度变化也会导致锅体开裂。原本铁器的设计制造就是为了在炭火上烹饪的，因此放在煤气灶上加热时不要使用大火，而应以中小火慢慢加热。电磁加热升温很快，请注意高温，以免烫伤。

空烧会使涂层和皮膜脱落，如果直接在灼热的锅体上浇入冷水，就会导致锅体碎裂。另外，烤箱和烤架均适用，但不可放进微波炉和洗碗机。

清洗方法

烹饪完成后开始清洗时，铁则是不使用清洁剂的。虽然现在的人们不论洗什么都要用清洁剂，已经成了习惯，但清洁剂会使附着在锅体表面的皮膜脱落，使锅具又回到购入初期时的那种易煳锅、易生锈的状态。清洗工具方面，也应避免使用金属刷之类的坚硬材质，而应使用柔软的软刷。我一般都使用椰棕刷。不过，我想要推荐用棕榈树皮制作的棕榈刷。这种刷子不仅柔软且有韧性，最适合用来清洗铁器。

或许你会担心只用开水和刷子能否清洗干净油污，卫生方面有无问题，不必过于紧张，铁器只要趁热清洗，基本上就能洗干净。煳锅比较严重的地方可以暂时用开水浸泡一会儿，然后直接加热至水沸腾，即可去除。如果使用了清洁剂清洗，那么就要在洗完后立即将整个锅具涂抹上一层薄薄的色拉油。

至于铁壶，经过釜烧工艺产生的氧化皮膜如果脱落，就会导致壶体生锈，因此请绝对不要用手触碰或清洗壶内部。

收纳方法

现如今，我们身边的用具基本上都不会生锈。而由于南部铁器表面没有经过特殊加工，处于毫无防备的状态，如果粗心大意就会生锈。每次使用完之后，请用干燥的抹布或厨房用纸擦拭，始终牢记不要残留任何水分、湿气。

如果长时间不使用，建议为整个铁器涂上一层薄薄的油，然后用报纸包裹起来放置在干燥的地方保存。

养护

食物发霉就要扔掉，但厨具就不同，即使生锈了，厨具也总是能够

厨具清理工具
1 棕榈刷　　3 布刷
2 金属刷　　4 砂纸

重新恢复原有的状态，这正是作为“优质厨具”的铁器的优点。

处理方法如下：生锈的部分用砂纸擦拭，如果生锈部分仍不能去除，就使用布砂纸、金属锉刀擦拭，逐渐提高工具的硬度。完全去除了锈迹的铁器处于皮膜被剥离的“全裸”状态，因此应重新按照养护步骤进行护理。

铁壶中的开水如果是红色也会使壶内壁变红，因此很多情况下，仅从外观无法判断它是否生锈。而如果烧开的白水是透明的，则可直接继续使用，毫无问题。如果白水变红，则有可能是生锈了，此时请将茶渣用抹布包裹，并放入铁壶中加热水煮沸。这是因为茶中的单宁酸会与铁器产生化学反应，使铁器不易生锈。

总之，每天使用是防止铁器生锈的秘诀。随着使用次数的增多，这些铁器就会被油脂滋养得黝黑锃亮。很快，铁器就会开始散发出娇艳的魅力和风韵。这就是厨具感到愉悦的证明，也是人与厨具心灵相通的瞬间。

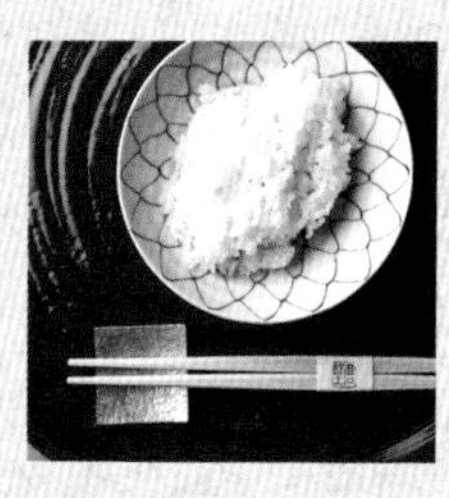

『铁锅能将大米的香甜和美味全部锁在每一颗米粒之中。』

『高野』日本料理店［东京·银座］店主 高野正义

专业的厨师们是如何使用南部铁器的呢？要说用铁器烧米饭，我认为全日本做得最好吃的就是“高野”日本料理店的高野店长。这次，我就去拜访了他。高野师傅不用铁釜，而喜欢用面釜这种形状略平的铁锅烧饭。其原因在于，这种铁锅能使所有米粒受热更迅速、更均匀，加热效率更高。

烧饭时，会不断出现水多、水少等各种状况。让锅内温度始终保持在一定的范围内是使米饭香甜可口的秘诀。

铝锅烧制米饭时所需的温度低、热量少，而相反土锅则所需的温度高、热量多。而介于两者之间的就是铁锅。铁锅比土锅能更快地达到一定高温，比铝锅有更好的储热性，因此不会做出夹生米饭。

而最重要的一点是，铁锅烧出来的米饭能将大米的淀粉质锁在米粒之中。铁锅烧制的米饭有嚼劲，而且咀嚼时米粒中软糯的淀粉会充满整个口腔，让人品尝到大米原有的甘甜和美味。即使米饭冷掉，也依然能够保有美味，这大概就是用铁锅烧制米饭的最大魅力所在。

每天使用铁锅烧制米饭，铸铁物的表面气孔中会渗入米饭的精华，铁锅本身也得到了美味的滋养，以后做出的饭菜会更好吃。这充分凝聚了日本人的饮食智慧。

大学毕业后，曾进入咨询行业工作，后因想从事与日本传统文化相关的工作而投身饮食界。经过在多家餐饮店的学习，于2004年创立“高野”日本料理店。推出了搭配红酒的日式料理套餐，菜肴均为铺垫，而主角是最后登场的米饭。

有如“灶台里有神明”的传说一样，高野最喜欢用的木锅盖是鸟居的形状。烧出来的米饭“外刚内柔”。

Q&A

[南部铁器篇]

Q 我见过那种铁质的小茶壶，那种也算南部铁壶吗？

A 壶内部如经过了珐琅工艺处理，内部光滑且价格便宜的话，就是由机器量产的，因此并不属于南部铁壶。南部铁壶是由匠人们手工打造出来的，因此价格会较高，壶体内部也会因经过了防生锈处理而呈灰色。

Q 古董店也卖铁壶，那种是不是不要买比较好？

A 估计这种铁壶无法长时间使用，因而出现生锈的可能性很大。难得购买一次，还是应该买一个不会生锈的。

Q 铁壶经长时间使用，壶内部会变红，这个是铁锈吗？

A 如果煮沸的开水没有变红，则不是铁锈。可以继续使用，没有问题。虽然看到红色斑点就会不自觉地想要清洗壶内部，但请务必不要清洗壶的内部。

Q 铁壶生锈了就不能再用了吗？

A 当然不是。真正的铁壶即使生锈了也没关系。将茶渣用布包好，放入壶中，注水并烧开。茶中的单宁酸会与铁锈发生反应，使铁锈难以形成。优质厨具都是以长久使用为目的进行设计制作的。

Q 我住在高层公寓，所以只能用电磁加热。这样的话能用铁釜烧饭吗？

A 大部分南部铁器都适用于电磁加热，但请注意温度的调节。如果开火后迅速达到高温，铁器放在上面则有可能会碎裂。请缓慢提高温度，铁釜就可以使用，如果想要做出香甜可口的米饭，必须要细致、精心地进行温度调节。如果有铁锅适用的卡式炉[5]，则推荐使用它来烧饭。

Q 用土锅烧饭与用铁釜烧饭有何不同？

A 总的来说土锅做出的米饭比较软糯。与之相比，铁锅做出的米饭更有嚼劲，咀嚼时能感受到口齿留香的美妙滋味，并且米饭冷掉后也能保持较好的口感。

Q **能否传授一种用铁釜烧饭的简单的方法？**

A 首先，将米稍微淘洗一下，在水中浸泡 30 分钟至 1 小时。然后，用沥水篮将水沥净，在釜中倒入与米等量的水，将米平铺在釜底。然后，盖上盖子用大火烧。煮滚后转小火，12 分钟后再转大火烧片刻，然后马上关火。焖 15 分钟后就做好了。请注意煮的过程中务必不要打开盖子。

Q **用铁锅炸制食物后，很不喜欢油污的感觉。能否用洗碗机清洗？**

A 洗碗机中清洗液与铁锅发生的化学反应会使铁锅比平时更易产生铁锈。请不要使用洗碗机清洗。

Q **无论什么时候都不能使用洗洁剂吗？**

A 因为洗洁剂有分解油脂的作用，会使好不容易养好的附着在锅体上的皮膜脱落，更容易生锈、煳锅。烹饪完成后，趁热在锅具里倒入水（或温水），用刷子刷洗，就能够轻松去除大部分油污。如果使用了洗洁剂，则应在清洗之后马上给锅具刷上一层薄薄的油。

Q **也不能使用干燥机和漂白剂吗？**

A 是的。这两者都会导致生锈。清洗完锅具之后，应用厨房用纸将水擦拭干净。浸润了油脂的铁器本身会泛出黝黑的油光，展现它的光彩。请尽情享受精心养护锅具的乐趣。

Q **还有其他不适用铁器的厨房用具吗？**

A 南部铁器是铸铁物，因此不能使用微波炉加热。烤架和烤箱则没问题，请尽情使用。

Q **如何存放锅具？**

A 如果长时间不使用，应在锅体表面涂上一层薄薄的油，用报纸包裹起来。建议存放在干燥通风的位置。

Q **长时间没有使用，结果生锈了。就不能再用了吗？**

A 即使生锈了也不是不能再用。可以用砂纸或金属刷将锈迹擦拭掉，再按照刚购买回来时的养护步骤重新进行养护，即可使锅具焕然一新。不过，如果仍这样继续放置不管，则很快还会生锈，因此应立刻用油脂滋养，使锅具重新生成保护皮膜。

STORY OF

GOOD COOKING TOOLS

优质厨具的佳话

1

外国人涌入合羽桥？！

过去一说到合羽桥，人们会觉得那是只有专业厨师才会去的商业街。而如今它的盛名尚在，所有店面都在傍晚 5 点 30 分早早关门。一到 7 点，整个街道就变得杳无人踪，寂静无声。20 世纪 80 年代左右釜浅开始在周末营业，而其他商店周末都不营业。整条街没有一家快餐店、咖啡连锁店、便利店，放眼全日本，这种景象估计也就只有在合羽桥才能看到了。

2011 年左右，这条街发生了巨大的变化。东京下町（商业手工业者聚集区）开始受到社会关注，电视和杂志等媒体也开始对其进行报道。

继而 20~30 岁年龄段的女性顾客以及家庭开始造访这条街。而晴空塔正式对外开放也为这条街造势不少。因此，来这条街的顾客一下子多了起来。

而现如今，这条街最多的顾客就是外国人。我们店门前有公交车站，观光游客在店内来来往往。自 2014 年起，不仅是亚洲游客，欧美游客也逐渐增多了起来。看来日本厨具的优良和精致通过观光旅游手册被介绍给了外国人，获得了海外顾客的好评。

1 江户时代是德川幕府统治日本的年代，由1603年开始到1867年的大政奉还，江户时代是日本封建统治的最后一个时代。

2 日本的县等同于中国的省，岩手县总面积位列日本第二，位于日本本州岛东北部。

3 天妇罗，日式料理中的油炸食品，用面粉、鸡蛋与水和成浆，将新鲜的鱼虾和时令蔬菜等裹上浆放入油锅炸成金黄色。

4 小白鱼干，沙丁鱼类别幼鱼鱼干的统称。

5 卡式炉又叫便携式丁烷气炉，是指以灌装丁烷气为主、燃气和液化气等气体也可作为使用燃料，并用火进行直接加热的非固定烹饪厨具，多用于家庭户外休闲和酒店用品。

菜刀篇

铭刻日本从古至今的饮食文化

两种菜刀：单刃与双刃

厨具中与我们最亲近但又最难搞懂的大概就是菜刀了。这么说是因为，你要是想买的话，在百元店[1]就能买到，要是去刀具专卖店看看的话，则会发现店内陈列着种类繁多的各种刀具。釜浅商店经营的刀具种类超过了80个品种，按单品数量计，则超过了1000多把。这些刀具的形状和尺寸大小真是多种多样。价格也从最低5000日元起，到10万日元以上不等，就连专业厨师都会在选购时难以抉择。

因此，下面就对菜刀进行简单易懂的解释说明，谈一谈刀具选择的要点以及与菜刀和睦相处的方法。

首先，菜刀可按照带刃方式的不同，分为“单刃”和“双刃”两大类别。家庭中经常使用的菜刀是双刃的，刀的横断面呈“V”字形。与此相对，单刃刀则呈日语片假名中的“レ”字形。右撇子刀刃朝下握住刀具时，刀右侧称为“外”，左侧称为“内”，单刃刀只有外侧有刃。

日本厨师广泛使用的单刃刀正是日本产的菜刀。这种刀能细致地切生鱼和蔬菜并让它们能够美观地盛盘上桌。可以说，如今享誉世界的日本料理正是因为有了单刃刀才得以诞生，并获得发展。另一方面，双刃刀则是随着日本明治维新日本人开始食肉以后，从海外传入日本内陆的。因此，单刃刀也称为“日式菜刀”，双刃刀也称为“西式菜刀”。

天然磨刀石的发现孕育了日本独特的刀具文化

日本菜刀的历史十分悠久，建于日本奈良时代的正仓院中收藏了日

菜刀的代表产地

本最古老的菜刀。从这一时期再往前追溯，绳文时代的遗迹中出土了一种用于研磨菜刀的磨刀石。这说明了在火山较多的日本，能形成作为优质磨刀石的堆积岩，这些堆积岩是在京都一带挖出来的，祖先们在生活中不知不觉开始学会了“研磨”。

实际上，用磨刀石研磨刀具，日本人有自己独特的文化，拥有天然磨刀石的日本人发明了自己的各种刀具。从某种意义上来讲，如果磨刀石没有被发现，武士时代和战国时代就不可能出现。

日式菜刀大放异彩是在江户中期之后。公家和武士阶级讴歌、推崇的料理在下层市镇居民之间广泛渗透，在料理形态发生改变的过程中，诞生了多种多样的菜刀品种。到了和平年代，武士刀的需求量减少，相反，菜刀则被大量制造。

到了明治时代，从外国传来的西式菜刀也开始在国内生产，目前，全国到处都有生产地。其中大阪府堺市曾为修建大仙陵古坟[2]而从全国各地召集过锻造师，这些匠人一把一把认真制作菜刀的手艺仍留存至今。

赠予你“开拓未来”的美好寓意

虽然有人会说这样负面的话，“菜刀意味着斩断人与人的缘分”，但相反也有人将用菜刀切斩的行为理解为“斩掉不好的事物”和“开拓未来”。

所以，倒不如说刀是带来吉祥、好运的物品。因此，在店里我们也将它作为送人的礼物推荐给顾客。

如果想要送给合作伙伴或亲近的朋友、熟人不太常见的特殊礼物，或许选择刀具正合适。

刻上对方的名字后赠予对方，效果更佳，能够为获赠方收到礼物时的心情增添些许惊喜和感动，而对方也会想要好好珍视和使用刀具。

削皮刀［12.5cm］

专卖店内，工人师傅正按客人的要求手工将名字雕刻在刀身上。

出刃刀［15cm］

日式菜刀的要点

坚决贯彻被赋予的唯一使命

切割时不破坏食材的纤维

如果你坐在寿司店的吧台前，应该经常能够看到厨师长切生鱼片的身姿。此时厨师长使用的刀具大多是一种叫作柳刃的日式菜刀。这种刀既可以将生鱼片切得很薄，薄到通体透亮，又可以让切断的横截面绽放出光滑、诱人的光泽，能实现家庭中使用的菜刀难以施展出来的绝技，而这些不仅需要厨师长精湛的厨艺，而且只有使用日式菜刀才能得以完成。

将菜刀带刃的外侧朝下并水平移动时，能流畅地完成拉切的动作，日式菜刀就是出于这种考虑而被设计制作出来的。这样的设计能在切鱼和蔬菜时不破坏食材的纤维，也能切出更美观、整齐的切面。而刀的内侧刀背弯曲这一构造能使空气进入切下的食材与刀背之间，避免食材紧贴在刀背上，使切下的食材更容易脱离刀身。

将食材的横断面切得干净利落，能使生鱼片等在蘸酱油时更容易沾上酱汁，同时还能使多余的调味汁自动滴落。入口时舌头的触感也更好，能够发挥出鱼肉十二分的美味。如果切得不整齐、不美观，不仅会使生鱼片沾上过多的酱油，生鱼片自身的鲜度也会更快丧失。因此，在切生鱼片时，最基本的要求是来回用刃、不弄伤横断面的“一刀拉切”。同样一条鱼，不同人去切，其口味千差万别。日式菜刀是日本人为了让人们能充分品尝鱼的美味而下的一番苦功，凝聚了日本人对吃的欲望和智慧的结晶。

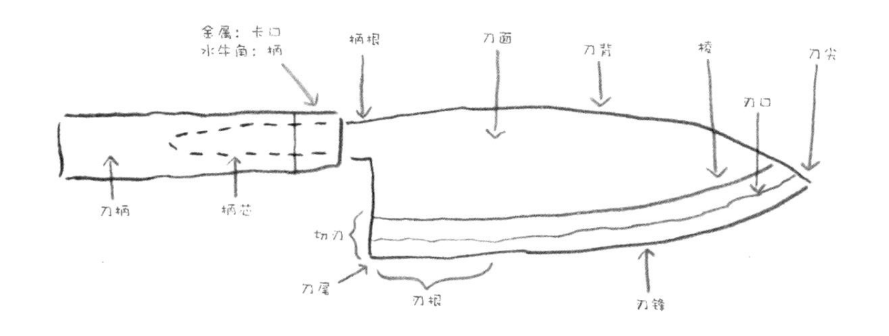

关东刀具与关西刀具在设计上的不同

日式菜刀还有一个特点是，为了某个特定的用途和目的而进行细分，设计得很彻底。比如：在处理鱼类时，要使用能一刀切下鱼骨的、具备一定厚度的出刃刀；而要想将切下的鱼身制作成生鱼片，则要用能切得很薄的刺身刀；削萝卜薄片时要用薄刃；切姜丝和萝卜丝时则会用到一种叫“kenmuki”的菜刀。我们经常可以在电视上的美食节目中，看到厨师快速将萝卜切片的场景，那种技巧只有用单刃刀才能施展，用双刃刀则无法切出那么美观的桂剥萝卜片。

不同种类的鱼在处理时也有各自专用的菜刀，河豚要用河豚刀，海鳗要用海鳗刀，鲑鱼要用鲑鱼刀，基本是这种情况。至于金枪鱼，也有专用的刀——一种类似日本刀的细长的金枪鱼刀。

另外，即便用于同种用途，关东刀具和关西刀具的形状也有所区别，刺身刀中的柳刃刀原本产自关西。因为关西人多食白肉鱼，所以为了将鱼肉切得更薄，会将刀前端设计得很尖。而关东型刺身刀则叫作蛸引，刀的前端没有尖角。由于关东属食红肉的饮食文化区，所以鱼肉不用切得那么薄，也或许是因为江户人脾气暴躁，爱吵架，为了防止发生危险，因而将刀具设计为不带刀尖的样子，具体由来众说纷纭。最近，由于带刀尖的刀更能施展细致的刀工，因此柳刃逐渐成了主流。

14
13
12
11
10
9
8

1 镰型薄刃［21cm］
2 东型薄刃［21cm］
3 kenmuki［12cm］
4 出刃［12cm］
5 出刃［18cm］
6 柳刃［30cm］
7 蛸引［30cm］
8 江户裂［21cm］
9 海鳗刀［30cm］
10 圆头蛸引［30cm］
11 剑型柳刃［30cm］
12 水本烧黑檀柄柳刃［30cm］
13 河豚刀［30cm］
14 鲑鱼刀［27cm］

西式菜刀的要点

什么都能胜任的万能选手

特意将横断面切成锯齿状

相对于“水平拉切”的日式菜刀，西式菜刀是靠刀具自上而下垂直运动来切断食材的。由于是在下压的时候用力，因此，从给人的感觉来讲，如果说日式菜刀是纤细的“静”，那么西式菜刀则是大胆的“动”。西式菜刀是用来切断、切分肉类等食材的纤维的刀具。当然，切出来的横断面会呈锯齿状，对于含酱料的料理较多的西餐来讲，这种菜刀切出的食材更易包裹上酱料，所以正合适。

西式菜刀的代表是牛刀，它的刀尖尖锐，因此能轻松处理各种肉类和鱼类。因为牛刀是双刃，所以被划分到了西式菜刀中，不过日本从古代就开始使用的一种切蔬菜的刀具——菜切，也属牛刀的一种。

而介于牛刀和菜刀之间的，兼具双方功能的则是三德刀。用这一把刀即可处理肉类、鱼类、蔬菜三大类食材，因此得名“三德”。三德刀在昭和时代曾被称作“文化刀”，大家在家中经常使用的就是这种刀。与牛刀相比，它的刀幅更宽，因此在切的时候很安全放心，刀尖也很尖锐，因此也可以切得很细致。牛刀也被称作万能刀，是一把无论谁都能驾驭的菜刀。

除了这种万能菜刀，西式菜刀还有别的特殊种类，如削皮刀——Petty（Paring knife），专门用来削水果果皮的，因此形状狭长。去筋刀用于剔除肉和筋，剔骨刀用于将肉和骨头剔断、切开。另外，还有能处理虾、蟹等甲壳类食材的双刃刀——西式出刃刀。不过，与极力追求专门性的日式菜刀相比，西式菜刀具有能够处理所有食材的灵巧。

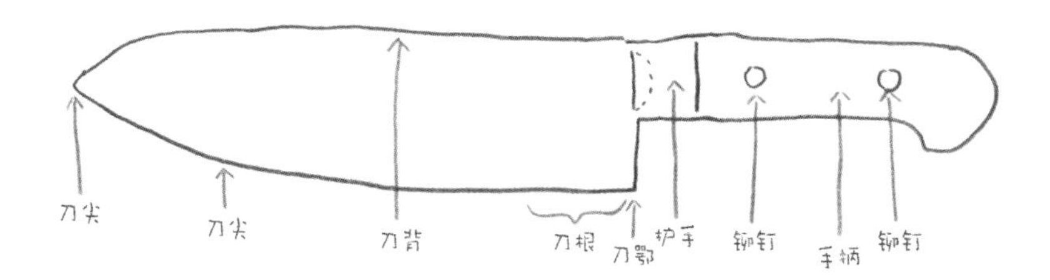

使用者也融合了多种风格

在西式菜刀中，有一种类型能在刀刃表面加工出类似树木年轮状的花纹——大马士革纹。这种花纹与其说能赋予刀一种功能不如说是一种美观的设计，对海外游客来说，这种设计更能让人感受到日本刀的魅力，因此人气很高。

菜刀中，除此之外还有凭一把刀就能制作绝大多数中餐菜品的、状似柴刀的中华菜刀，另外，还有很多特殊成员，如切荞麦面、乌冬面的切面刀，切寿司卷用的寿司刀，另外还有用于使鱼糕等熬制品成型的不带刃的刀等。

顺便提一句，虽然菜刀大体上可以分为日式和西式两大类，但在专业厨师的领域，并不是只有做日式料理的厨师才会使用日式菜刀，近来，在法国也有一些人气厨师开始使用柳刃，而在客流量较大的日式料理店，也会经常使用牛刀。在菜刀的世界里，日式和西式的壁垒正逐渐消失。

8
7
6
5

1 削皮刀（petty knife）[12cm]
2 削皮刀（petty knife）[15cm]
3 牛刀 [21cm]
4 三德刀
5 大马士革牛刀 [21cm]
6 菜刀
7 剔骨刀
8 去筋刀 [24cm]
4
3
2
1

匠人穷其技法，追求极致锋利

钢刃和不锈钢刃

菜刀刀刃部位是由钢或不锈钢材质锻造的。从能持久保持坚硬、锋利的刀具，到钢刃变钝后也能轻松研磨的刀具，种类繁多，可根据菜刀的用途以及等级来进行分类。

虽然以前人们常说钢质的刀更锋利，不锈钢虽不易生锈，但锋利程度不够，但随着不锈钢材质的开发得到了长足的进步和发展，也产生了很多非常锋利的刀具。因此，从锋利程度本身来讲两者已无差别。即便如此，在刀刃锋利度的持久性和易打磨性方面，依然是钢质刀具更占优势，因此专业厨师大多使用的日式菜刀依然是以钢刀为主。而西式菜刀则相反，以不锈钢为主。

另外，金属部分有时会使用钢或不锈钢，有时也会采用其他种类的金属。日式菜刀中，只用钢（或不锈钢）制作的菜刀称为“本烧菜刀”，由于其刀刃锋利，且锋利度能长期保持，因此有着“上品中的上品”的地位。不过，因其非常坚硬，所以一旦掉在地上就会碎裂，为了保持其强度，一般会用熟铁胎子与钢（或不锈钢）贴合在一起，制成合成菜刀（称为霞刀）。

至于手柄的材质，日式菜刀一般使用轻便、不易开裂、湿手抓握也不会打滑的日本厚朴[3]树的木头制成。手柄尾部呈栗子状，这种设计也是出于方便抓握的考虑。其余还有用紫檀、黑檀等材质的刀。西式菜刀的手柄则多采用树脂与木材的结合，然后再用铆钉固定。

摄影：谷本裕志　　　　　　摄影：玛琳娜·麦妮妮

制作日式菜刀的冶炼工人和加刃工人的工作情形

锋利的菜刀诞生于经验和感觉

西式菜刀大部分是由机器量产的，而日式菜刀中虽说也有很多这种量产产品，但在历史悠久的刀具产地大阪府堺市，依然是由匠人一把一把手工打造的，那里依然保留着刀具制作的传统工艺。

首先，由冶炼工人将胎子和钢合成，在炉中以约 800 摄氏度的高温进行加热，冶炼成菜刀的形状。在加强菜刀韧性的烧制作业中，将在炭火中烧得通红的铁棒迅速置入水中，使其急速冷却。如果热量过多，菜刀的锋锐程度就会变差，如果热量不足则会使菜刀的韧性不够。这不到几秒的差别需要靠经验和感觉来把握。一旦刀具成型，接下来就要由加刃工人在电动磨刀机上打磨出刀刃，最后再由加柄工人将刀刃修理整齐。

正是这些技艺娴熟的匠人们的分工作业制造出了上乘的刀具。

1 金枪鱼刀［51cm］
2 切面刀［30cm］
3 中华菜刀
4 寿司刀
5 付菜刀
6 面包刀
7 名古屋裂
8 大阪裂
9 京裂

1
4
3
2

找熟知菜刀的专业人员商量

如前文所述，菜刀领域内容深奥，结构复杂。因此，不要自己独自调查选购，而要找熟识菜刀的专卖店人员咨询，这才是选购合适菜刀的捷径。

CHECK 1

选择在店门口有磨刀业务的店

那么，应该去什么样的店选购菜刀呢？简单地讲，就应该去在店门口以及店内有刀具打磨业务的店。在这样的店，店员大部分都具备丰富、扎实的菜刀知识。而且，因为他们自己就能够磨刀，所以肯定也熟知刀具的养护方法。

无论什么刀具，一开始都很锋利好用，但用久以后，会逐渐变钝。能长期保持锋利度的刀具由于刀刃较坚硬，所以打磨也往往会比较困难，相反，韧性较强的刀具虽然不能长时间保持锋利度，却较易打磨。在这样的店内一定会得到关于哪种刀更适合自己的建议。最重要的是，只要在这样的店购买刀具，店方就一定会负责打磨，所以令顾客“心里更有底”。

注意，提防价格昂贵、不生锈的菜刀

菜刀并不是越贵越好。比如有的刀手柄使用了昂贵的材质，有的刀刀刃经过了特殊设计，有很多菜刀具有与切割功能无关的附加价值，因此，请在购买前向专卖店确认其价格较高的理由。特别是日式菜刀，虽然也有带名字的款式，但一把日式菜刀多是由多个匠人共同制作的，所以原本在做成的那一刻并没有加上特定的姓名，处于“无印”的状态。有的批发商和专卖店会自己把姓名加上去，以图定一个特定的价格，因此，在购买时应加以注意。

另外，不生锈的菜刀乍一看会令人感觉比较容易打理，但这种刀具大都使用廉价而坚硬的金属，所以锋利度较差，变钝了之后也很难打磨，难以恢复原状。结果难逃弃之不用的命运，也不能与人之间建立健全的关系了。不要害怕它生锈，只要“注意防止生锈”就可以了。

CHECK 3

实际抓握感觉一下

对于手柄的大小、宽窄和重量及其与刀刃之间的平衡，不亲自抓握试一试的话就无从知晓。每个人的手掌大小和握力各有不同，因此不存在一把对所有人来说都是最好的菜刀。充其量只能选择适合自己手型的、对自己来说最好用的菜刀。从这个意义上来讲，不应该通过网购等形式购买菜刀，而应去实体店“面对面”选购。

CHECK 4

回顾自己家庭中的烹饪情况

你的家庭构成如何？在家做饭的频率有多高？这些烹饪情况在选购刀具时是很重要的要点。如果做蔬菜类较多的话，选择刀刃较薄的类型更易操作；如果主要做肉的话，则应选择能处理骨头和筋膜的刀具，这样用起来会更为顺手。将自己家的烹饪情况向店员说明后，听取店员的建议，就能选购出“不出差错”的刀具了。

菜刀的养护

磨刀，
就是养护刀具的时间

菜刀养护方法 4 法则

不要放置在潮湿的地点。

不要缺少油脂。

不要去除黑锈。

刀刃变钝就要打磨。

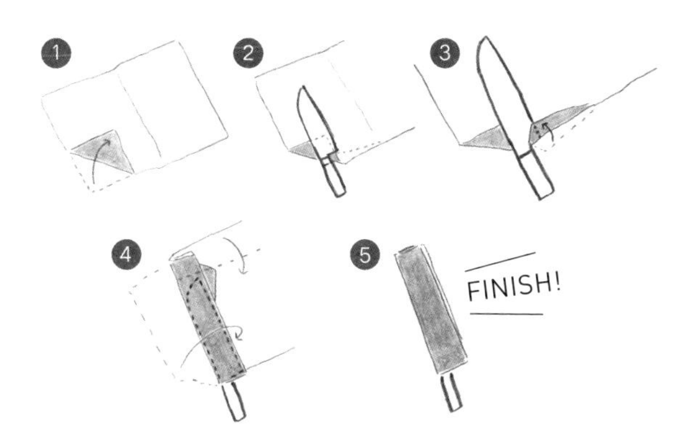

用报纸制作刀鞘

将报纸的角折起①，包住菜刀的手柄根部②。将报纸折到刃根并包住③，从左往右用报纸整个卷起来④。最后用胶带固定好⑤。

平时的打理

与不锈钢相比，钢更容易生锈，因此必须勤加打理。食材中所含的盐分和酸会使刀具生锈，所以在烹饪过程中也应仔细地清洗，使用过后请马上用餐具清洗剂清洗干净。在冲洗时可用热水，其热量会使水分更快蒸发，使刀具尽快干燥，而且热水也有消毒的效果。

在洗碗机中清洗的话，与清洗液的化学反应会使刀具更容易生锈，而且由于水流的作用，会使刀尖与餐具或洗碗机内的边角发生碰撞，有可能使刀具产生缺角，所以请务必用手洗。

清洗完后应立即用干抹布将水分擦拭干净，使刀具干燥。如果刀具上残留水分，就会生锈。不过，请一定不要用火烤，也不能使用烘干机，因为这样会给刀锋造成致命的打击。另外，漂白剂也会对刀刃造成损伤。

保存方法

水槽下比较潮湿，因此不适合当作刀具的存放地点。刀具如与其他不同金属接触，有时也会发生化学反应，生成钛锈，因此放在餐具篮里也不太合适。刚买回来和刚刚打磨完的时候最容易生锈，所以应及早放在抽屉中，这样会比较令人放心。

红酒等的软木塞或去锈橡皮擦对去除锈迹非常有效。

保存时建议使用报纸制成的刀鞘。报纸的墨汁能够防止生锈，还能够防虫。制作方法非常简单，搬运菜刀时也很方便。在餐饮店经常能看到厨师把漫画周刊或电话簿用胶带卷起，再将刀具插进去的情形。长期不使用的话，应在刀具表面轻轻涂上一层食用油，再用报纸等包起来放好。

养护

长期使用能使刀刃表面形成一层黑色氧化皮膜。这层膜能够防止生锈，因此没有问题，不要去除这层膜，直接使用即可。有问题的是红褐色的铁锈，它不仅会把锈味带到食材中，而且若对这些小的铁锈放任不管的话，铁锈就会向刀具内部渗透，发展成较深的铁锈，所以应及早去除，这一点非常重要。在去除铁锈的时候，用葡萄酒的软木塞蘸上清洗剂擦拭，就会使铁锈脱落。还可以使用市面上销售的去锈橡皮擦。

定期打磨

无论是什么菜刀，刚买回来的时候都很锋利。但是，无论什么菜刀，在使用的过程中都会逐渐变钝，切番茄会把皮弄破，给鸡肉去皮也很困难，切葱的时候切不断，切洋葱碎的时候会辣得流眼泪。出现这些情况的时候就说明刀具已亮起了黄灯。

1 精磨刀石　3 粗磨刀石
2 中磨刀石　4 磨刀石磨

如果继续使用这种变钝了的菜刀，食材的横断面会变得七零八落，好不容易做出的菜肴也变得不再可口，不那么喷香怡人了。如果刀具切到手指，被刀刃锋利的菜刀切到的伤口能很快愈合，而刀刃变钝的话，切到的伤口会变成重伤。

如果感到刀有点变钝了就要马上打磨，这样不用多少时间就能磨好。如果是经常做饭的人，则每个月磨一次最为理想。

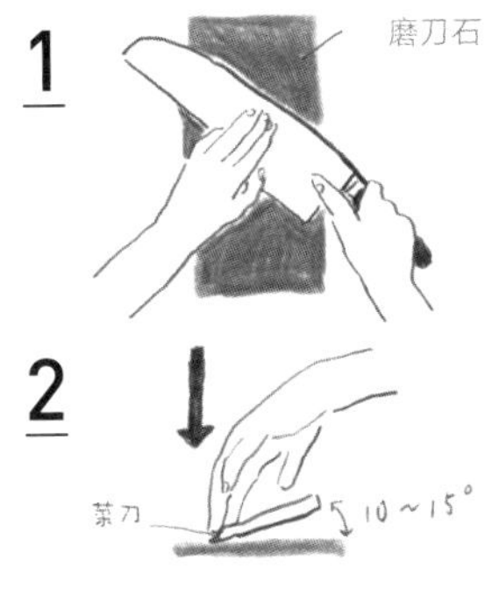

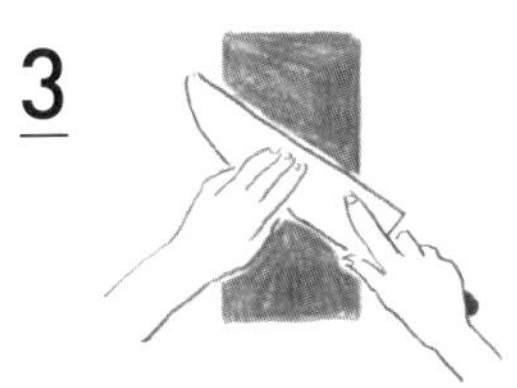

西式菜刀的打磨方法

1 将刀刃朝向身体，用惯用手握住刀柄根部，大拇指按住刃尖附近。另一只手轻轻按压住刃尖。
2 刀刃微抬，与磨刀石呈 10~15 度角，在磨刀石上前后快速地滑动。
3 将刀翻面，用惯用手的食指压住刃尖，用同样的方法打磨。

虽说西式菜刀有相应的简易磨刀器，但如果想要长久使用并精心养护的话，还是应该尝试使用磨刀石进行打磨。磨刀石有三种，刀刃出现缺口时，应使用粗磨刀石，想要磨出锋利的刀刃则应使用中磨刀石，润饰和防止生锈要用精磨刀石。用磨刀石磨，将磨刀石的表面打磨平整后即可按照顺序研磨刀具。

最开始你可能会嫌麻烦，懒得去做。但是，这段磨刀的时间会成为你与菜刀坦诚相对的时间，或许还会在这段时间中感到磨刀时的自己非常帅气有型。

『因与优质厨具相遇，料理风格得以改变。』

『鱼之骨』日本料理店「东京 · 惠比寿」店主 樱庭基成郎

位于东京惠比寿的“鱼之骨”是国内外知名人士都会偷偷光顾、内行人都知道的著名店铺。而这家店很难预约到位子，这点也是出了名的。虽然从店名看感觉是家日式料理店，但其实也提供西餐的汉堡牛肉饼，樱庭先生总以异想天开的形式把当季食材做给客人们吃。

本店菜品主要是海鲜类，菜单上大多推出的是当季时令海鲜类的生食菜肴，但最重要的宗旨是让顾客们吃得开心、有趣。

生鱼片基本都是配以我认为最合适的酱汁提供给食客。比如：金枪鱼刺身[4]是用柳刃切出光滑的横断面，并蘸上黏稠的酱汁做成。如果鱼肉的横断面切得很齐整，则即使配上味道浓郁的酱汁也不会太过入味。而我有时也会故意将生鱼片切得比较粗糙，配以味道清淡的酱汁，搭配生鱼片的调味料也不仅仅有日式调味料，还有西式调味料，有时根据食材还会搭配中式调味料。

拿到大块的肉块时，有时候我也会使用柳刃去处理和切割。切口光滑挺立，肉质入口的口感也很好。我是在与锋利好用的菜刀相遇后，才练成了这种能引出食材本味的切法。优质厨具能够刺激料理的创造力，拓宽创意的广度。

从事餐饮店和红酒经营，在东京目黑开设店铺。之后将店面迁至惠比寿，经营至今。自学厨艺，在经历了无数次尝试和失败后，追求打破传统、不同以往的新感觉日式料理。红酒知识丰富，堪称“变态级别”。经常光顾该店的常客很多是从国外来的。

樱庭先生手边常备有 15 把菜刀，柳刃就有 4 把，轮番使用。使用了六年的柳刃磨到最后已经只剩原来刀幅的一半宽度了。

店内常被问到的问题集锦

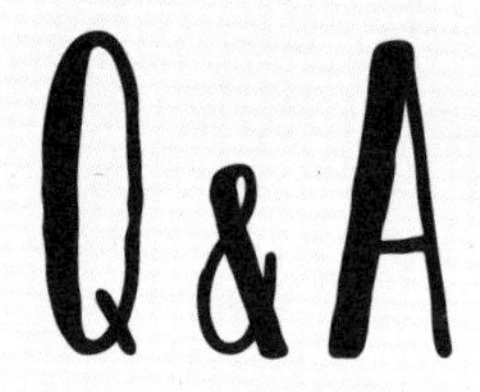

［菜刀篇］

Q 从春天开始我就要一个人独立生活了。在老家我几乎从没自己做过饭，该选什么刀呢？

A 既然如此，应该先选购一把能处理肉、鱼、蔬菜等各种食材的、万能的三德刀。我特别推荐购买一把由一片钢制作的三德刀，它在刀刃变钝后打磨起来比较容易。

Q 我是自己一个人生活的单身男士，最近迷上了做饭，应该选购什么样的菜刀比较方便顺手呢？

A 估计您应该已经有一把三德刀了，所以选购一把专业厨师使用较多的牛刀怎么样？尺寸在 18~21cm 的牛刀使用起来会比较顺手。另外，可以再买一把 12cm 的适用于给水果去皮、切佐料的削皮刀（petty knife）。这两把刀分开使用，定能让您感到运用自如，得心应手。

Q 我们夫妻二人平时在家吃的只有早餐。但是偶尔也会邀请朋友到家里聚餐，应该选择什么刀具呢？

A 可以选购一把 15cm 的削皮刀，这样既能处理一部分食材，而且在聚餐时如果桌上有需要切的食物，这把刀也比较小巧方便。

Q 我们家是有三个孩子的五口之家。每天都要为家人准备便当盒饭，基本每天都要做晚饭。这种情况我们家必须准备什么样的菜刀呢？

A 选购刀刃的锋利度能保持较长时间的三片钢制作的"嵌入"款菜刀比较合适。备齐最基础的三德刀、牛刀、削皮刀，蔬菜用三德刀，肉类用牛刀，小型食材用削皮刀，这三把刀轮流使用，就能使每把刀的锋利度保持得更长久。

Q 我喜欢钓鱼，想自己在家处理钓上来的鱼。需要什么样的刀呢？

A 首先用出刃将鱼切开，用柳刃切生鱼片，能切出边角齐整、口感顺滑的生鱼片。刀的尺寸以出刃 15cm 左右，柳刃 24cm 左右为佳。用习惯了之后，可以再购买一把小出刃［9~12cm］，处理小鱼更合适。

Q 想买一把刀，既能教孩子（学龄前儿童）菜刀的使用方法，同时又能用于实际烹饪，如何选择？

A 有一种刀尖和刀鄂削成圆角、刀刃长度在 15cm 左右的儿童专用菜刀。选购这种刀的话，家长就可以放心让孩子使用了。

Q 想把蔬菜切得更美观。最合适的菜刀是哪种呢？

A 这种情况应选购一把菜切。它的刀刃很平，刀幅较宽，所以处理白菜及卷心菜之类的大型蔬菜或是去皮都比较轻松容易。

Q 在家经常自己烤面包，做蛋糕和点心。应该配备哪些刀具？

A 请一定要备一把面包刀。制作果子挞[5]和派时也能使用。切蛋糕时，面包刀的锯齿状刀刃不太适合，可选择一种能把海绵蛋糕切得很漂亮的专业蛋糕刀。不过，将削皮刀或牛刀、三德刀在热水里加热后，也能不弄花蛋糕，把蛋糕切得很漂亮。

Q 买了一整块牛肉，想切成片！有什么推荐的刀具吗？

A 这种情况用牛刀处理就足够了，但也不妨试一试一般家庭中没用过的去筋刀［21cm］。去筋刀的刀型细长，多用于切薄肉块、生鱼片、火腿等，但也适用于去除肉块的筋和肥脂。还有一种叫作“鲑鱼加工刀”的刀型，刀身带凹槽，切下来的鱼肉不易黏在刀身上。

Q 买刀的同时也想要享受磨刀的过程，有什么刀具推荐吗？

A 要么就选购用纯钢打造的刀具，若是不锈钢材质的话则应选购一片钢制作的菜刀，更易打磨。

Q 菜刀经常变钝，原因为何呢？

A 您的砧板是什么材质呢？请先确认一下这一点。塑料材质之类的砧板比较坚硬，会使刀刃的锋利度很快变钝。原本砧板最适合选用木头的材质，但由于木砧板的切痕中容易残留细菌，所以使用之后应用热水冲洗消毒。另外，如果您平时切硬质的食材比较多，也会使刀刃变钝，所以每月磨一次刀就能始终保持刀刃的锋锐状态。

Q 磨刀石必须备齐三种种类吗？

A 只要备有磨刀刃的中磨刀石就足够了。如果您有日式菜刀，若能使用精磨刀石，刀刃状态就会更好，食材的切口也会更齐整美观。刀刃有缺口时，交由专业人士进行打磨即可。

Q 在旅行地点购买菜刀的话，能否带上飞机呢？

A 因为刀具是带刃的锋利物品，所以不允许带上飞机。可放在托运行李中，在登机前到前台办理托运。

STORY OF
GOOD COOKING TOOLS
优质厨具的佳话
2

在巴黎，日本的厨具大受欢迎！

釜浅商店于2013年首次参加了在巴黎举办的“设计周”[6]活动，次年，在巴黎圣日耳曼德普雷[7](Saint-Germain-des-Prés)的画廊里又单独举办了介绍日本菜刀的展览。我们不仅展示和贩售菜刀，还召开了具有釜浅商店特有风格的传递“物品制作方法及背景”的研讨会。

虽然在巴黎使用釜浅商店的菜刀的顾客已经很多，但不仅是这些人，还有远超预料之外的众多顾客前来捧场。其中很大一部分原因估计是在海外大放异彩的日本厨师增加了，他们制作的菜肴本身充满了质朴、纤细的美感，而他们用的正是菜刀等日本厨具，我们的活动如此受欢迎正是这一点已得到大家公认的最好证明。

而且，自从使用釜浅的炭烤炉的炭烧专家——有“银座奥田”之称的奥田透先生于2013年在巴黎正式开店，炭烤美食又重新成了热点话题。厨师在开放式厨房里，当着食客们的面用最合适的火烤制美食，在巴黎是前所未有的形式，今后一定会获得更好的评价。

摄影：埃里克·德布德芒热

1 日本百元店，商品价格均为100日元，相当于我们国内的两元店、十元店。

2 大仙陵古坟即仁德陵古坟，日本仁德天皇皇陵。位于日本堺市大仙町，是日本规模最大的前方后圆坟。前方后圆坟是日本特有的结构，从上方俯瞰，可以发现其特征为四边形与圆形的结合。该坟全长约486m，高约35m，分为三个部分，总面积达到约46.5公顷。据推算，该古坟建于5世纪中叶，建成花费了20年的时间。与埃及的胡夫金字塔、中国秦始皇陵并称世界三大坟墓，墓区面积是世界最大的。坟外有三重壕沟，但现在的外壕沟是在明治时代重新挖掘的。出土了人物、鸟、马、犬、房屋等埴轮和葺石，此外还有竖穴式石室和长持形石棺。

3 厚朴（学名：Magnolia hypoleuca）为木兰科木兰属的植物，分布于日本千岛群岛以南以及中国的东北和广州、青岛、北京等城市，目前已由人工引种栽培。

4 金枪鱼：作为最为日本人认可的刺身用料，也是日本最常见的刺身原料，它有微妙的味道。不同部位的味道会有较大的不同，主要可以分为大腹（大トロ）、腹肉（トロ）和赤身。赤身是鱼背部的肌肉，脂肪分布最少，肉色呈现红黑色，算是金枪鱼身上最便宜的部分了。由于脂肪分布少，这部分味道无油脂香气，味道较酸，甜度微甜。口感上来说比较平衡。

5 果子挞，Tarte，奶油果馅饼。将面粉薄薄地摊在鏊子内，用火烙，上面再放水果、果酱或咸味馅儿制成，也用作菜肴。

6 2013年9月9日—15日，为期一周。巴黎设计周是为设计业内人士和普通市民共同创办的活动，汇集了各国各行各业的设计元素，是设计界的盛会。

7 圣日耳曼德普雷，昔日修道院旁边的一个村庄，自17世纪以来发展成巴黎最有文化品味的街区，这里书店林立，画廊遍布，到处都是出版社、剧院、影院和酒吧，著名的“花神”和“双叟”咖啡馆就在那里。

平底锅篇

了解平底锅的优缺点

材质和加工方式不同，用途也不同

不同的平底锅由于材质和加工方式的不同，会有适合做及不适合做的料理，所以应在了解各类平底锅的特性后再进行选购。

铝／轻便好打理，但导热快，所以接触火的部分容易烧焦，食材也容易粘锅底。适合制作意大利面，最适合需要快速煮好的酱汁类料理。

不锈钢／盐分不会让它严重生锈或变脏。用电磁加热也毫无问题，可以使用。只不过导热性较差，要想使热能传递至锅具整体比较费时，容易出现受热不均的情况。如果要购买不锈钢材质的平底锅，建议购买不锈钢中夹入导热性较好的铝层的 3~5 层复合型平底锅。

氟化涂层／在铝或不锈钢的表面覆盖了一层氟化树脂保护膜，所以不易粘锅，烹饪时可以使用较少的油，且不容易生锈。无论是谁都能轻松使用。但相对的，这种锅耐热性较差，不适合制作需要大火烹饪的菜。必须要保证在烹饪过程中使用中小火。如果使用金属的锅铲会使锅体出现划痕，涂层也会脱落，容易粘在食材上面，所以必须定期更换，重新购买。

陶瓷涂层／陶瓷粒子在锅表面形成涂层。这种材质比氟化涂层耐热程度更高，导热性也更好，但高温加热时表面涂层也会脱落。

铁／适合所有热源，也能够制作需大火烹饪的菜，还能禁得住空烧。

储热性也很高，因此能将肉类烧透，炒菜时用大火可使蔬菜中的水分蒸发，做出爽脆的口感。不过，锅体沉重，易生锈。刚开始使用时容易粘锅，所以必须用油脂养护。

CHECK 1

如何对待平底锅？手感和耐用程度与价格成正比

关于菜刀，有“价格越昂贵的刀具越应该注意”一说，但平底锅则大多是越贵的锅越好用。有氟化涂层的平底锅就是用3至5层涂层加工的锅，它的耐久性更强，不锈钢锅也有5层复底，既能用于电磁加热，导热性也会变高。相应地，价格也会更高。相反，如果买了便宜货，则更换新锅的频率就会加快。

CHECK 2

犹豫不决时就选大尺寸

平底锅的尺寸从直径18cm到28cm的锅型应有尽有。18~22cm的尺寸适合1人份，28cm的则可以炒3至5人份的菜肴，不过就算食材较少，用大一点的平底锅炒菜也能炒出爽脆的口感。如果对选择哪种尺寸犹豫不决，就选择大尺寸即可。

CHECK 3

使用方便的短命，费时费力的能用一辈子

如果从使用方便的角度考虑，则选择氟化涂层和陶瓷涂层的平底锅更合适，但这两种类型的平底锅都需要定期更换新锅。相对地，铁打的平底锅使用起来虽然费时费力，但养护好了则能够长久使用。如果想要长期使用厨具，则应毫不犹豫地选择后者。

7
6
5

1 不锈钢平底锅［24cm］
2 铝质平底锅［24cm］
3 氟化涂层平底锅［24cm］
4 手工铁打双把平底锅［22cm］
5 手工铁打平底锅［22cm］
6 手工铁打平底锅［18cm］
7 陶瓷涂层平底锅［24cm］

凹凸不平的外观会逐渐改变样貌

锤打次数达到 3000 次

铁质平底锅有两种制法，一种是在金属模具上冲压出来的，还有一种是在铁板上用铁锤拓打出来的。模具冲压适用于量产，只能制作出现有模具规格的形状、尺寸和厚度。在这一点上，手工拓打虽然花费时间较长，但不需要模具，因此不仅形状更为自由，而且因为铁板可以延伸，所以比冲压出来的锅具更轻巧。不仅如此，铁打平底锅还有数不清的优越特性。

既然你想要长久使用一件厨具，当然还是想要得到一件称心如意的终极厨具的。于是怀着这样的想法，我们与日本唯一一家以手工拓打制法制作中华锅[1]的山田工业所（横滨市）一起,共同开发出了经过自主改良后的“手工铁打平底锅”。下面，就向大家具体介绍一下。

这种平底锅最大的特点就是底面。如果仔细观察，就会发现其表面被拓打出了凹凸不平的起伏。这是用铁锤拓打了 3000 次的结果。这样做能使铁的组织相连，更紧凑，更结实。另外，铁在最初使用时容易粘在食材上，或是容易煳锅，但这种凹凸状的锅底能浸润油脂，这样一来，烹饪时就不容易产生以上烦恼了。使用顺手了之后，锅体会焕发出黝黑的光泽，更显光亮，看起来漂亮得不可思议。

普通的平底锅厚度一般在 1.6mm 左右，但这款平底锅特别采用了 2.3mm 厚度的铁板，这样能使锅的储热性和保温性得到飞跃式的提高，食材也能充分受热，不会因烧得过火导致烧煳。

将平整的铁板用铁锤拓打，打成平底锅的形状。最终的成型均由山田工业所的匠人们以肉眼观察判断。

“呲啦”“滋滋”，激起食欲的声音在跃动

铁的魅力就在于能够用大火烹饪。据说，氟化树脂涂层的耐热温度最高为260度，而铁的耐热温度能达到1000度。空烧也没有问题，在烧得滚烫的铁质平底锅中放入食材的那一刻，会发出气势惊人的美妙声音。这一情景能进一步激发烹饪者想要开始做菜的情绪，且能更加增进食欲。因为可以持续用大火烹饪，所以烧菜时水分会蒸发，能做出媲美西餐店和中餐店菜品的爽脆口感。

由于这款锅非常古朴老旧，因此细微之处也面面俱到。由于铁锅与铝锅相比确实比较沉重，所以我们精心设计出了细长而平直的把手，女性也能轻松提起。提手的位置也较低，因此锅盖不会碰到把手，可以进行焖烧等。

另外，我们取消了通常的平底锅用螺丝固定的方式，所有部分都用熔化和焊接的方法处理，去掉了锅体内部多余的凸起，这样不仅不会积留污垢，打理起来也更加容易。

手工铁打平底锅的养护

遵守规则
就能得到只属于自己的
平底锅

平底锅养护方法 4 法则

认真用油养锅。

烹饪前必须等“狼烟”信号升起。

趁热用刷子清洗。

烹饪后空烧以除去水分。

炒蔬菜残渣时可用葱、姜与芹菜等味道重的蔬菜，去除铁锈味。手工铁打平底锅[26cm]。

最初使用时应遵守规定

正如将南部铁器迎回家中需举行“仪式”一样，铁打平底锅也有几个例行工序。

釜浅商店的锅，并不是像日常烹饪用的铁锅一样，涂上了防止生锈的清漆，所以不需要空烧去除这层漆膜，釜浅商店是涂上薄薄的一层油，用蜡纸包好，再对外销售。因此，购买后，首先请在使用前用中性清洗剂认真清洗。去除水分后，用大火空烧，当锅微微冒烟时，倒入足量的油，再加入蔬菜残渣用小火翻炒。

在翻炒过程中，用长筷子将蘸了油的厨房用纸擦拭一遍整个锅体，锅边也要擦到。翻炒 10 分钟左右后，将蔬菜碎倒掉。经过这样的处理，铁的涩味就会被去除，铁锅表面也会生成一层皮膜，使食材不易粘锅，锅体也不易生锈。

烹饪时的注意事项

一开始使用时，由于平底锅还没有被油脂浸润，所以最好做一些油比较大的菜。每次烹饪时都应先以大火空烧。因为温度低就容易粘锅，所以应将锅加热到轻微冒烟时再倒油。这个烟换句话说，可以看作是提示“下面就开始做饭了”的“狼烟”信号。

不过，如果用电磁炉进行烹饪，温度会急剧升高，结果就会导致只有接触电磁炉台面的部分变热，有可能会使平底锅变形。请注意保证温度逐渐升高。

锅的把手较长，所以不会太快变热，包上干燥的抹布再抓握就不用担心了。如果用湿抹布包裹的话会留下被火烫后的烙印，所以请注意，烹饪结束后，要及早将食物盛到盘子里。如果一直放在平底锅中，会使食物染上金属味，食材中的水分和盐分也会使铁锅生锈，不利于平底锅的养护。

清洗方法

不锈钢和铝质的锅都可以用清洁剂清洗，但铁锅不行。清洗剂有分解油脂的作用，会使最初好不容易用油滋养而生成的皮膜脱落，铁锅就坏了。另外，清洁剂也是导致生锈和煳锅的原因。趁热用温水清洗就能去掉大部分油污和焦煳。在清洗时，使用“南部铁器篇”中介绍过的棕榈刷效果较好。

无论怎么洗也洗不掉粘在锅上的残余时，可先用水浸泡一会儿。之后如果仍清洗不掉，就将锅连锅中的水一起，放在火上加热至沸腾，即可去除。如果这样做仍然没有效果，就要使出最后的手段了。虽然原本我们不推荐让锅体表面产生划痕的做法，但这种情况下只能用金属刷刷掉了，或空烧使顽固的粘黏物碳化。不过，这样做的话，锅表面的皮膜也会脱落，平底锅就又回到了初始状态。这样就必须重新进行一次养护工作了。

保存方法

严禁残留水分。因为水分会让锅很快生锈。应养成清洗后马上在火上加热、使水分蒸发、再用厨房用纸擦干的习惯。长期不用的话，应在整个锅体上涂上一层薄薄的油，再用报纸包好。报纸有防止氧化的作用。总之，只要频繁使用，使锅体浸润油脂，就不必担心生锈了。

清理工具
1 棕榈刷
2 金属刷
3 布刷
4 砂纸

养护

如果长时间不使用，或是存放在潮湿的地点，锅具就会生锈。这种情况下，使用布刷、金属刷或砂纸等清理工具进行处理，就能去除锈迹。去掉锈迹后，重新进行养护程序就能马上恢复原有的、好打理的状态。

没有什么厨具能像手工铁打平底锅一样让人体会到养锅的乐趣了。诚然，它最初或许确实像一匹桀骜不驯的烈马，既费时费力又难打理，但只要每天使用，它就会变成一匹听话的良驹，成长为一把只属于你自己的、特别的平底锅。将不听训诫的烈马驯服为深合己意的好马时，那种成就感和爽快感真是无法形容。

"organ" 很早就开始经营目前大受欢迎的自然派红酒，并推出了配合这种红酒的菜式。店主绀野先生是使用铁打平底锅的高手。
他熟知铁的特性，所以对平底锅的厚度、尺寸和形状都有严格细致的要求，他致力于探究肉类和鱼类的平底锅料理。

『对食材接触铁的部分所下的功夫，使做出来的料理品相与众不同。』

『organ』法式小餐馆［东京·西荻洼］店主 **绀野真**

我特别找人制作了一把厚度为 3.2mm 的平底锅。虽然很重，但保温性与其他平底锅有显著不同。无论火大火小，都能保持一定的温度，不会出现受热不均的状况。因为本店制作需小火慢煮的料理比较多，这种料理更能发挥出厚锅底的优势。

另外，这口锅的尺寸也是根据店里经常使用的肉块大小而特别定制的。由于锅底没有放肉的部分会因肉本身流出的油脂而变得焦煳，所以尽可能不让平底锅留有空余部分的尺寸最为合适。实际上，这口锅的底面也制作成了稍微凹陷的形状。这是因为自然界中所有事物都不是完全笔直或完全平整的。

让食材恰好贴合在铁锅底，接触铁的部分会被烤得焦脆，而没有接触铁锅的部分则会十分软嫩。这样煎烤后的品相对鱼类食材来讲是最恰如其分的。厨具能配合食材，就会非常方便，这种灵活性也是手工拓打铁锅的好处。

最初作为品酒师投身到餐饮行业之中。在做品酒师时接触到了自然派红酒，为了让大家都能品尝到这种美味，于 2005 年在三轩茶屋开设了名为"uguisu［黄莺］"的店。从 2011 年开始，又开设了偏重料理的"organ"。两家店都是经常客满的人气店铺。主打菜品"基本都是自创"。

用特别定制的平底锅制作的法式蜂蜜辛香照烧鸭肉。一边用勺子将鸭肉中流出的油脂浇在鸭肉上，一边慢慢烧制。

店内常被问到的问题集锦

Q&A

[平底锅篇]

Q 西餐店大多用铁质的平底锅，为什么专业厨师都要用铁锅呢？

A 铁质平底锅能在高温下烹饪，所以能够蒸发出食材的水分，食材也能煎得更焦脆。铁锅的储热性也很好，所以更容易把食材慢慢烧透，直达内部。可以说是烹饪时的理想厨具。与有氟化涂层的平底锅相比，使用时间更长久，这一点也很受专业厨师的青睐。

Q 听说铁质平底锅必须要空烧，那用电磁加热时也可以空烧吗？

A 为防止生锈，日常烹饪用的普通平底锅会涂上一层清漆，所以使用前必须要先空烧一会儿，把清漆蒸发掉。不过，电磁加热的话则不能进行空烧。因此，釜浅商店销售的铁打平底锅没有涂清漆，而是涂上一层薄薄的油。这样一来，就没有必要特意空烧了。

Q 据说为使锅具附上一层油脂皮膜，要在锅中炒制一些蔬菜碎，那应该使用哪种蔬菜呢？

A 蔬菜种类不限，但芹菜、生姜、大葱之类气味强烈的蔬菜更容易去除铁锅的涩味。

Q 我以前用铁质平底锅做菜很容易煳锅。怎样才能不煳锅呢？

A 首先，最初使用时要认真用油脂养护，使锅具形成一层油脂皮膜。如果锅体没有这层皮膜，无论怎样注意都很容易使食材烧煳，也很容易使锅体生锈。别嫌麻烦，花点时间进行养护，才能与厨具建立起良好的关系。另外，最初使用时最好做一些油多的菜，这样比较容易养好锅。鸡蛋类的菜比较容易煳锅，所以要多注意一些。除此之外，还有一点非常重要，那就是在烹饪前一定要将锅用高温加热。在铁锅没有充分加热的状态下进行烹饪，就很容易煳锅。大火加热，直到铁锅升起薄薄的烟雾为止，这就是可以开始烹饪的信号。

Q 顽固的焦煳痕迹无论怎么清洗也去不掉。如何才能弄干净呢？

A 如果趁锅具还热时用刷子和热水清洗也无法去除的话，请先在锅内倒上水浸泡片刻。如果仍无法去除，可以试试连锅带水一起加热至水沸腾。另外，还可用金属刷擦拭，以及空烧锅具使焦煳部分碳化脱落的方法。不过，这样做会使好不容易附着在锅上的皮膜也一起脱落，重新回到初始时毫无防备的状态。这样的话就要重新开始进行养护。

Q **应该购买何种尺寸的平底锅，我一直拿不定主意。能否介绍一下选购的标准呢？**

A 直径 18cm 的平底锅用来煎一个鸡蛋或一个汉堡牛肉饼是最合适的尺寸，适合单身人士或制作早餐便当。直径 22cm 的平底锅适合制作 1~2 人份的炒菜。直径 24~26cm 的适合 2~3 人份，28cm 以上的尺寸适合 3~5 人份，这些充其量只不过是一个参照标准。如果炒菜的情况较多，则选购较大尺寸的平底锅更省事。较少的食材用较大的平底锅炒制，会使做出的食材更爽脆。不过，大尺寸的平底锅清洗起来也更麻烦，所以有可能你最终不愿再使用了，这样的话对厨具来说也很可惜。所以应将厨房空间以及存放地点也考虑在内，来选购合适的尺寸。

Q **铁质平底锅应选多厚的为好？**

A 厚度为 1mm 的平底锅轻巧且易操作，但由于温度升高较快所以有容易煳锅的缺点。比之略厚的有厚度为 1.2~1.6mm 的铁锅，中华炒锅以及一般市面上销售的平底锅多为这个厚度，适合炒制切成薄片的肉类和蔬菜。釜浅商店销售的手工铁打平底锅的厚度为 2.3mm。虽然锅非常重，但因为储热性和保温性有所提高，所以能使烧制出来的菜肴的品相出类拔萃。更厚的还有厚度为 3.2mm 的平底锅，即使男性抓握起来也会略感沉重，不易操作。但另一方面，在煎烤菜肴方面没有任何锅具能出其右，最适合用来制作牛排和牛肉饼。不过，这仅仅是性能方面的优势，但如果锅具太重，相应地，就无法使用自如。建议大家现场实际抓握并比较一下，来选购最合适的尺寸。

Q **铁质平底锅能否直接在烤箱或烤架上使用？**

A 使用是没有问题的。不过，如果有把手的话放在烤箱里或烤架上会很碍事，所以如果要用于烤箱或烤架，建议选用双把手的款型。这种双把手款式的优点在于，可以不用将做好的菜肴盛出来放在盘子等餐具里面，可以直接作为盘子呈上桌。被油脂浸染得黝黑发亮的平底锅外形十分质朴，还能将里面盛放的菜肴映衬得非常显眼而美观，所以能进一步刺激人的食欲。

STORY OF

GOOD COOKING TOOLS

优质厨具的佳话

3

釜浅商店第二代店主想出了那个有名的釜烧饭！

我的祖父——釜浅商店的第二代店主熊泽太郎是一位非常时髦、前卫的人，比如，日本国内的海外旅行刚刚解禁他就立马飞赴美国旅游，当时还没有多少人接触高尔夫的时候就开始练习高尔夫，还有使用那个年代尚属奢侈品的照相机之类的。祖父还喜欢一个人边走边喝酒，曾听父亲抱怨"从来没见过他工作"。

这样一位第二代店主实际上却是那个有名的釜烧饭的发明者。某天晚上，他在光顾目前仍位于浅草的居酒屋"二叶"、像往常一样自斟自饮时，忽然想吃两碗茶碗大小的米饭。因为没有那么小的铁釜，所以他就找匠人定做了一个。

如果将大号铁釜直接缩小的话，平衡感较差，所以他自己又加入了把铁釜的凸边上部加高的设计，另外，如果单独一只铁釜的话，由于底部呈圆形会倾倒，所以他就将称米的一升枡[2]倒过来并在底部抠出孔洞，将铁釜置于其上。他觉得如果只是白米饭的话会很无趣，所以他又加了很多料一起烧，由此发明了釜烧饭的原型。其后，"二叶"也把釜烧饭定为了招牌菜。

1 在日本，炒菜都用平底锅。而一般只有做中国菜的菜馆才用中国式的凹底圆锅，这种炒锅被称作中华锅。

2 枡的原始功能是计量器，民以食为天，枡最早是被日本人用来称量大米的，多为木质，称为木枡。日本有一合枡（约 18ml），一升枡（约 1.8L），一斗枡（约 18L）。

雪平锅篇

雪平锅的要点

身量轻巧，用途广泛

锅具界也有万能选手！

虽然有人不太熟悉这款锅，但只要你去日本料理店看看，就会发现大展身手的雪平锅。

雪平锅的材质以铝和铜居多，铝质的非常轻巧。它不仅可作为舀水的勺子使用，从中将酱汁、高汤、煮菜倒到另一个锅中也非常便利。而且，铝、铜材质的导热性非常好，加热非常快，能够短时间内把水烧开，最适合用于炖煮或焯烫。在专业厨师界，熬高汤叫作“吊高汤”，这时正是雪平锅大显身手的时机。用它制作味噌汤也非常方便。可以说，雪平锅是用途广泛、能灵活运用于多种场合的万能锅具。

而且，尽管雪平锅用途如此广泛，如此繁忙，但我们从名字的叫法以及它圆润可爱的外形之中，却似乎看不出丝毫慌乱，也没有一点累得满头大汗的感觉，反而浑身散发出一种悠闲自在和满不在乎的气息，这一点也是雪平锅的优点。

雪平锅也写作行平锅，其名字的由来众说纷纭。一种说法是在原行平[1]在须磨[2]时看到渔女舀取海水烧成盐，当时渔女使用的平锅现出了白色的盐，看起来仿若白雪，所以称之为“雪平锅”。另外还有一种说法是，用它炖煮食材时升起水蒸气的样子好像蒸汽平面，所以将这种锅称作“行平”。总之，这两种说法都表现出，日本人这种特有的赞赏物品的语感孕育出了如此值得玩味的名字。

手边有一把这样的雪平锅，你的厨具生涯一定会更加充满乐趣。

专业做法，所以设计也合情合理

下面，我们来介绍一下雪平锅的同伴。

雪平锅／最开始的款式是没有盖子、深度中等、单把手的锅。倒汁口有位于左右两侧的，也有只在单侧的。把手手柄多为木质，以螺丝钉固定。这一设计的好处是，把手磨损或损坏时仅更换手柄即可。材质有铝的和铜的，也有不锈钢的。

铁钳锅／去掉把手和倒汁口的锅。从火上取下时需要用锅钳夹取，因此叫铁钳锅。要说为什么会有这种锅，是因为用于烹饪的煤气灶火力较强，有可能会烧到木质把手，所以设计出了这种锅型。另外，同时摆放若干个雪平锅进行烹饪时，如果有把手的话摆放起来非常碍事，因此就设计了无把手的形式。它的外观看起来很可爱，也可直接作为盘子使用，且不同尺寸的锅可以直接叠放在一起。

和尚锅／圆底的锅型称为和尚锅。圆底的雪平锅能使锅中炖煮的汤汁更有效地形成对流，热循环也会更好。也有无把手型的和尚锅。日式点心师傅在制作红豆馅时，以及西式糕点师在制作蛋奶糊时都会使用这种锅。

5
7
6

1　不锈钢双口雪平锅［15cm］
2　铜质姬野造手工雪平锅［15cm］
3　铝质姬野造手工铁钳锅［15・21・24cm］
4　铁钳
5　和尚锅［18cm］
6　铝质姬野造手工雪平锅［21cm］
7　铝质姬野造手工双口雪平锅［15cm］

匠人敲打的痕迹绽放出炫目光彩

日本仅几位手工匠人还会的工艺

表面凹凸不平的花样是雪平锅的标志。因为铝和铜原本是比较柔软的金属，所以为了使其变得坚硬结实而不断敲打，使金属粒子连接在一起，就形成了花纹，这是由先辈们的智慧孕育出的“痕迹”。

不过近来，市面上却充斥着将这一花样仅仅作为一种外观设计而使用机器冲压加工制作的锅具。在这种大环境下，“姬野造手工雪平锅”却不用机械打造，而是由匠人们按照传统技法手工打造的，这种锅已经很稀少了。

制作者姬野寿一是日本仅剩的不到十个手工锅具制作匠人之一。我多次造访过他位于大阪府八尾市的手工作坊，无论哪一次去，都能在数十米之外就听到有节奏的敲打锅具的当当声。

姬野先生在锅底、锅体，以及锅底与锅体边缘的交界处会分别使用3种不同大小和重量的锤子。特别是对经常会磕碰到、产生划痕和损坏的大约1cm左右的细小锅沿，会用小锤仔细敲打4圈之多，使其更结实耐用。一口锅要制作完成需敲打1500次，铜锅则多达3000次，由此可见，这是一件需要耐心的工作。

从事这项工作27年之久的姬野先生称：“如果同一个位置被敲打了2次，则为失败。如果不能一边一点点地移动锤打位置，一边均匀地敲打，热量的传导就会变得分散不均。”据说这样制作出来的锅具，其表面积会扩大15%~20%。这是锅的导热性能得以进一步提高的秘密。

摄影：谷本裕志

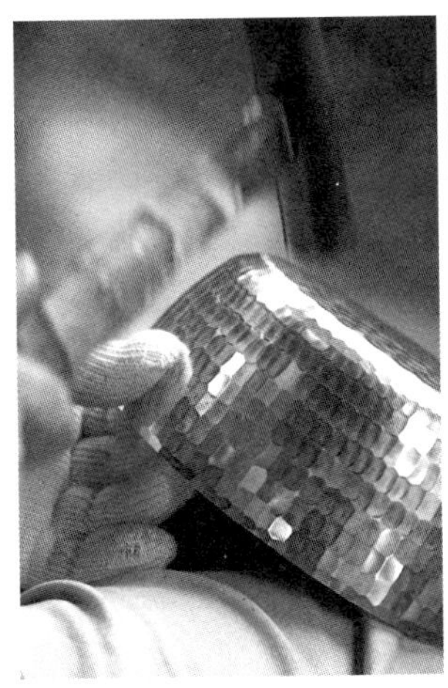

经姬野先生之手，铝和铜会成为结实的厨具，变身为令人心驰神往、熠熠生辉的艺术品。

几近艺术品的厨具

姬野造品的另一个特点是锅具的厚度。雪平锅的主流厚度在1.8~2.1mm之间，而姬野的作品厚度则为3mm。这一厚度不仅能使食材缓慢受热，而且锅具整体在受热过程中还能保持均一的温度，所以炖煮时所有食材能同时受热。因其保温性也很高，所以关火后仍能保温一段时间，令食材入味。

手工打造的方式分为两种，一种是相同敲打方向、相同敲打方式的正列法，还有一种是对敲打位置进行微调的乱打。前者能描绘出漂亮的凹凸弧线，而后者使锅具看起来连成一片，整个锅具的气质也焕然改变。

在阳光及灯光的照射下，锅具会对光线进行反射，向四周发出梦幻般的光环，从不同角度照射会呈现出不同的风貌。这已经超越了厨具的领域，而让人感受到艺术品般的灿烂美艳。

“醋饭屋”店主冈田与全国的渔民们建立了独立网站，能拿到市场上不太贩卖的珍稀鱼种，给食客享用。冈田先生辗转全国各地，是位亲自探寻优质食材的强硬派热血厨师。
当然，他对厨具也格外讲究。冈田先生也爱使用姬野造手工雪平锅。

『只要看到锅，就会情绪高涨，对烹饪充满干劲。』

『醋饭屋』寿司店「东京·江户川桥」店主 冈田大介

我使用的是15cm和21cm两种尺寸的、倒汁口定制成鸟嘴型的雪平锅。这两口锅每天都会大显身手，用于炖煮、熬制高汤等。因为这种锅将高汤分小份倒出时，汤汁也不会滴洒出来，所以就用不到大勺了。

因为实在太喜欢这两口锅了，我甚至还特别向姬野先生定做了一口关东煮锅。这口锅特别在锅内焊接出6等分的间隔，这样就能在制作关东煮时使食材不串味，更令人惊喜的是，这口锅热循环更快，所有食材都能均匀受热。

虽然没有那么精心地打理这两口锅，锅体稍许有些发黑，但在光的照射之下，依然如玻璃球般闪闪发光。看到此景，我也充满了干劲，想要努力做出更好吃的菜肴。能令使用者情绪高涨的厨具很了不起，这种厨具很珍贵。

由于母亲突然离世而痛感烹饪的重要，之后放弃了上大学的想法，而去日式料理店以及寿司店学习、锻炼。2004年独立，于2008年将始建于大正时代的豆腐店进行了改造，建立了设有美术画廊的“醋饭屋”。擅长制作掐掉鱼类神经、引出鱼之美味的“熟鱼料理”。

将白萝卜切成厚圆片，放入柴鱼高汤中咕嘟咕嘟炖煮。萝卜在雪平锅内浮动的样子看起来非常好吃。在其中添加味噌酱，就能做出简单且极致美味的下酒菜。

姬野造手工雪平锅的养护

那闪亮的光彩
随着使用会酝酿出古朴的色泽,
令人细细品味其变化

养护方法 4 法则

锅体变黑也没关系。

使用清洁剂清洗也可以。

不要将菜肴一直放在锅里。

伤痕是其成长的证明。

摄影：谷本裕志

打理

像南部铁器和铁质平底锅一样，在养护时没有什么必须要做的事项。买回来可立即使用。将水煮沸若干次后，铝质锅体就会变黑，但这并不是变质。锅具功能上并没有特别的问题，直接继续使用即可。要想避免发生此类变色问题，可将淘米水倒入锅中煮沸，这一方法非常有效。

在火源方面，电磁加热不适用于铝质和铜质的厨具。而且，雪平锅不耐酸和盐分，所以请切记不要将菜肴长时间放在锅里。烹饪完成后，可以用清洁剂进行清洗。不过，水汽对锅具本身也没好处，所以，请将水分擦拭干净后存放。

养护

在专业厨师之中，也有人认为铝质锅具会变黑，所以会使高汤的颜色不清而不喜欢铝质锅具，但如果是在家里使用的话则毫无问题。如果在家使用也很在意铝锅变黑的问题的话，只需用去污粉清洗、擦亮即可使锅具焕然一新。

因为铝这一材质本身很柔软，所以锅体表面无论怎么注意都很容易留下划痕，刚购买时那种能反射出周围景色、遇光反射出闪闪发亮的光鲜亮丽会逐渐消失而变得沉稳起来。然而，这正是因为通过对厨具的养护，敲打制作时的分界线轮廓逐渐清晰并加深，锅具整体转变成古朴雅致的样貌，更有风味。

从这个意义上讲，使用者能够体味到刚刚买回姬野造雪平锅的时刻，以及频繁使用和养护锅具的时刻，那一次次乐趣。思及此，你就会不禁觉得自己似乎赚到了。

选购厨具的五点建议

KAMAASA'S ADVICE

釜浅商店的建议

1 弘法也需选好笔。

无论烹饪技巧多高，
不使用优质厨具也发挥不出来。

2 去店铺亲手拿着感觉一下。

实际到现场亲眼观察、触摸、抓握，
确认是否适合自己的手形。

3 想象使用场景。

每天使用是最理想的。
选择不麻烦、顺手的尺寸和功能。

4 寻找对自己来说最适合的一款。

不考虑品牌和口碑，
选出适合自己每天使用的厨具。

5 长久相处下去。

再次确认自己能否打理、能否持续使用厨具，
是否有“养护厨具”的意愿。

1 在原行平（818—893），平城天皇之孙，阿保亲王之子，在原业平之兄，平安初期贵族，中纳言正三位，和歌家。仿劝学院，于881年（元庆五年）在京都左京三条创办奖学院。其和歌见于《古今和歌集》《后撰和歌集》。

2 须磨，日本古代地名，现位于日本兵库县神户市须磨区。在原行平曾被流放于此。

厨房『便利』工具

在日常生活中加入“一点便利性”，这样的厨具确实存在

“特意”这一词语，一般来讲，会给人一种不得不去做麻烦事的这种负面印象，而将这一词语用到烹饪工具上时，则会变成完全相反的意思，变成“特意”去体味以往从未体验过的事情之意，“特意”去做某事可能会产生某种乐趣，让自身期待不断膨胀，因此是个褒义词。

下面，就向大家介绍这些平时不常用，但想要“特意”去用的能给生活中增加“便利”的厨具。

这种“便利”工具，在平时的生活当中，即使没有也不会令人感到困扰。但如果有的话，就会感觉自己不知不觉间做到了不可思议的事情，不花多少时间就能轻松完成这些事情。

以往只需拆封外包装就能食用的散装柴鱼干，现在想要用工具刨刨看；以往装在软管中挤出即可的芥末酱，现在想自己将芥末磨成泥；自己煎芝麻；将米饭移装到饭桶中……当然，这些举动使烹饪的工序又增多了一步，但这样做之后，你就会发现菜肴的香气、风味和味道与以往相比产生了惊人的不同。于是，这种多出来的功夫就不再是件麻烦事，而变成了一件乐事。正因为我们要度过忙碌的每一天，所以“特意”去做某件事才能令人感到奢侈的幸福和丰盈。不久后，每次在厨房里看到“便利”工具，你都会发现自己会不自觉地浮出笑容。

“便利”工具

01

刨柴鱼花

品味刚刚刨出来的柴鱼花，享受温馨、平静、充满香气的时光

见 P130

说到柴鱼干，一般都是那种简易包装的，但用这种柴鱼刨刚刨出来的柴鱼花的香气和风味截然不同。虽然每天早上要现刨，或许非常麻烦，但在休息日的清晨，用专心刨出来的柴鱼花熬制高汤，制作味噌汤，享用比以往更精致的早餐，不是很好吗？

柴鱼刨

喝一口还飘散着刚刨好的柴鱼花香气的味噌汤，平日的烦恼也会一扫而空。此刻的满足会让你觉得，昨天工作上的失误和烦琐的人际关系，以及喝多后在酒席上的失态都可以抛在脑后了！

最近，虽然在家庭中很少能见到这种工具了，但在店内看到这件工具的顾客们，大多都会一边怀念着自己“小时候，在家里经常帮忙刨柴鱼花”，一边向我们讲述儿时的回忆。确实，那“咔嚓咔嚓”刨柴鱼花的声音不知为何，总令人情绪平和而安心。

既然如此，或许我们应该再次恢复帮家人刨柴鱼花的习惯，营造出与孩子和伴侣共处的珍贵氛围。

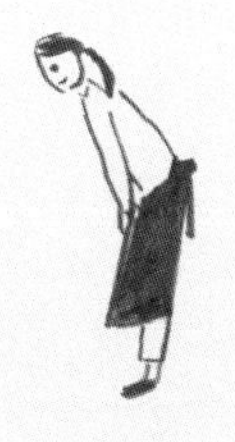

"便利"工具

01

刨柴鱼花

由刨子和木盒组成，木盒的材质一般采用紫心木[1]、丁纳橡胶[2]、橡木、栓木、丝柏等。刨子的刀刃还可以重新打磨，所以一旦购买就可以半永久性地使用。刨完柴鱼花之后，去除渣滓和粉末，置于干燥处存放。

放在手中非常显眼的铜质金属研磨器和鲨鱼皮研磨器。与机器不同，这种研磨器的刀刃排列得并不整齐，因此无论朝哪个方向研磨都能碰到刀刃，很好磨，刀刃本身也非常锐利，所以不会破坏食材的纤维。研磨萝卜、生姜，以及芥末（山葵）泥时不会弄得水嗒嗒的，而是磨得很松软。

“便利”工具

02
研磨佐料

"便利"工具

02

研磨佐料

刺激又奢侈的时光

见 P131

吃荞麦面和乌冬面时，请试试用铜质金属研磨器或鲨鱼皮研磨器将芥末（山葵）和生姜磨成泥，这样能够品尝到吃软管装调味料时体味不到的刺激和奢侈的时光。研磨所花费的时间能令人产生丰盈和欢乐的情绪。

研磨器有铝、不锈钢、陶瓷等各种材质，在此我们介绍的是由匠人一个一个手工打造的铜质金属研磨器。普通大小的研磨器表面的刀刃适用于研磨萝卜和山药，刀刃纤细，背面可以用于研磨调味料和柚子皮。用惯了之后如果刀刃变钝，最多可以进行三次打磨，又能使刀刃焕然一新。

吉祥喜庆的仙鹤和龟造型的研磨器用于研磨佐料，最适合作为礼物送人。为防止氧化，它的表面镀了一层锡。白色的那款研磨器是鲨鱼皮研磨器，器如其名，是由鲨鱼皮制作的。这款研磨器是研磨芥末泥专用的。与铜质金属研磨器相比，能使辛辣的味道更柔和，口感也更绵软。可以根据个人喜好，选择合适的工具使用。

无论哪种研磨器，在清洗时都要用小刷子，小刷子能清除细小孔缝中的脏污，非常便利。棕榈刷耐水性和耐磨性都很强，纤维也很柔软，因此不会划伤研磨器。

1 鲨鱼皮研磨器［特小号］
2 鲨鱼皮研磨器［鲁山］
3 铜质金属研磨器［仙鹤造型］
4 铜质金属研磨器［龟造型］
5 铜质金属研磨器［5号］
6 棕榈刷［边角刷］

"便利"工具

03

煎烤银杏和芝麻

用专用煎具让生活更有品质

见 P134

刚煎好的银杏上撒上盐吃，品味其香气和松软热乎的口感，十分美味。但是，剥银杏壳却是件苦差事。用钳子和厨房剪刀剥壳，经常会发生手一颤把自己的手弄伤，或者因为掌握不好力度而将壳里面的银杏弄坏的情况。此时，如果用我们介绍的银杏钳就能咔嚓咔擦轻松去壳，非常好用。

煎银杏也可以用平底锅或微波炉，但在此我们想推荐专用的银杏煎烤架。因为该工具带有盖子，所以即使银杏壳在煎烤时弹起来也不用担心会崩出去。银杏过季后，还可以用来煎烤正月里剩下的年糕，做成烤年糕，烘焙咖啡豆时也可以使用这一工具，一整年都能派上用场。而且，做点这种花工夫的事也能令人感到快乐。

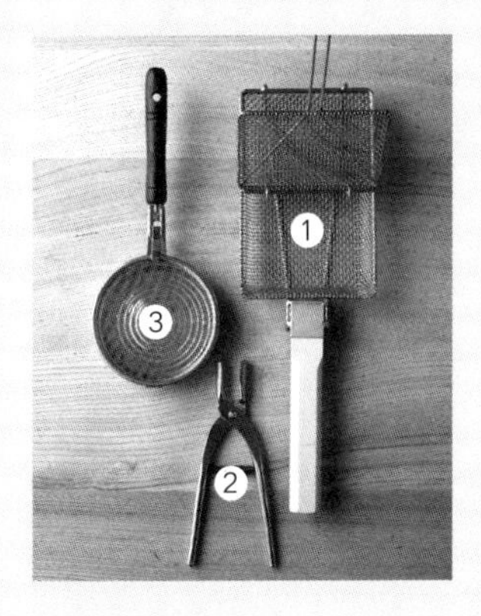

1 银杏煎烤架
2 银杏钳
3 芝麻煎锅

自己煎烤出来的芝麻的香味非同一般。煎芝麻时也是，如果用平底锅的话，芝麻粒就会噗噗地撒得到处都是，而如果用芝麻煎锅的话，因为它带有盖子，所以能防止芝麻粒四下飞散，建议能吃多少煎多少。这件工具还可以用于将喝不完放了很久的绿茶茶叶煎制成煎茶，所以有了这件工具后，以往在经过茶馆门前时想要深吸一口气去闻一闻的那种茶叶香，现在在家就能享受到了。

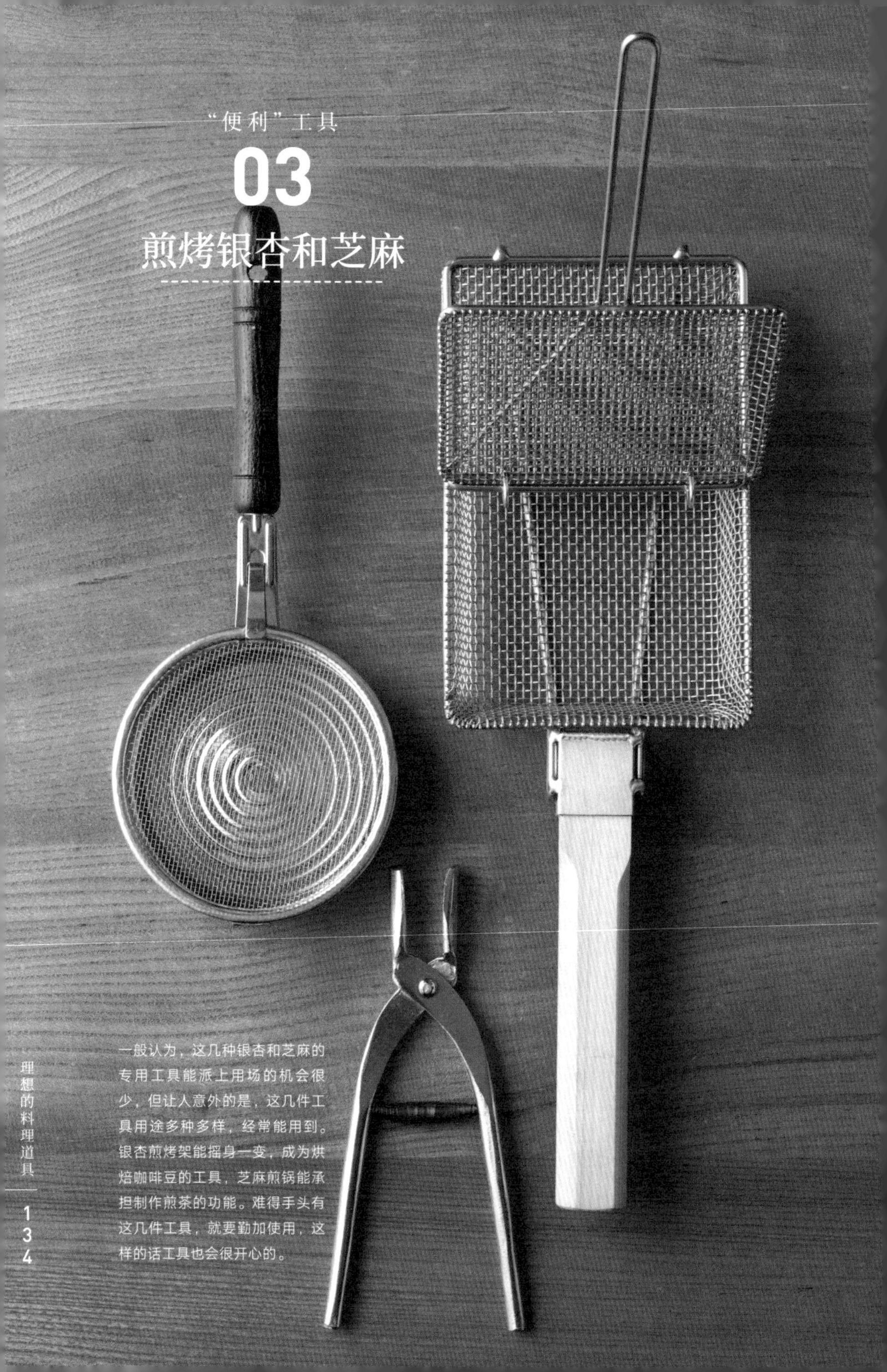

"便利"工具

03

煎烤银杏和芝麻

一般认为，这几种银杏和芝麻的专用工具能派上用场的机会很少，但让人意外的是，这几件工具用途多种多样，经常能用到。银杏煎烤架能摇身一变，成为烘焙咖啡豆的工具，芝麻煎锅能承担制作煎茶的功能。难得手头有这几件工具，就要勤加使用，这样的话工具也会很开心的。

“便利”工具

04

将饭移装到饭桶中

将电饭锅刚做好的米饭移装到饭桶中，既能保持适当的温度，又能吸收米饭中多余的水分，让人尽享米饭的原味。其材质日本花柏还具有防腐的功效，所以能长时间保持米饭的新鲜度。

“便利”工具

04

把饭移装到饭桶中

能长时间品味米饭原味的秘密武器

见 P135

日本花柏饭桶和宫岛饭勺

大家都认为趁热吃刚做好的香喷喷的米饭最是美味，但实际上，米饭做好后再过10分钟左右会更紧实，此时才能享受到米饭的原味。这里能派上用场的就是饭桶。内里的材质日本花柏耐水性强，且十分轻盈，因此从古时候开始就一直作为厕所用品的原材料而受到重视。如果将做好的米饭一直放在电饭煲内，米饭的表面会变得干燥，底部的米饭也会变得湿漉漉的，但如果装在日本花柏制成的饭桶中，则不但能保持适当的湿度，还能吸收米饭中多余的水分。

反正已经讲究一回了，那就干脆连饭勺也一同讲究讲究吧。虽然饭勺也有塑料质的，但木质的饭桶当然与自然原材料制作的饭勺更相配。樱花树材质的饭勺很少起毛，用起来很顺手，抓握也容易。

顺便提一句，在将米饭移装到饭桶中时，一定要先将饭桶内部用水刷洗一次再装。使用完之后，要用水或温水浸泡，去除残余的渣滓，并仔细擦干水分。因为木桶会发霉，因此要存放在干燥、防潮的地点。

每天早晨都能吃到从饭桶中盛出的松软米饭，这不仅使普通、平常的早餐时光成为特别的时光，还能让人感到今天一定会是美好的一天。

“便利”工具

05

炭火烧烤

最大限度地引出食材的美味

见 P138

为什么用炭火烹饪出来的食材会好吃呢？这是因为用炭火烹饪能够在保留食材水分的前提下加热，所以做出来的食材外皮焦香酥脆，而内里水嫩多汁。烤肉自不必说，鱼类、贝类和蔬菜等各种食材在炭火的作用下也能够变成美味。

下面，我们就来介绍七孔炭炉和周边工具这些能让你充分享受“炭生活”的工具。

烤肉店一般使用的是圆形的台式七孔炭炉，但使用方形炭炉的情况也很多。因为方形炭炉能完整地烤制秋刀鱼等鱼类。在烤制鸡肉串等串类时，为使烤网远离火源，会使用到铁条。如果不是在室外，而是在家里能使用煤气的环境下，则要将炭放在引火器中点燃。这种方式能更快使火点着。

炭的种类很多，所以估计有很多人不知道应该如何选择，首先，如果是第一次烧烤，推荐使用易燃的无烟炭。总之，享受“炭生活”最重要的是要在能充分通风的环境下使用。在室内使用时，烟太大，所以最好将炭炉放置在换气扇底下使用。

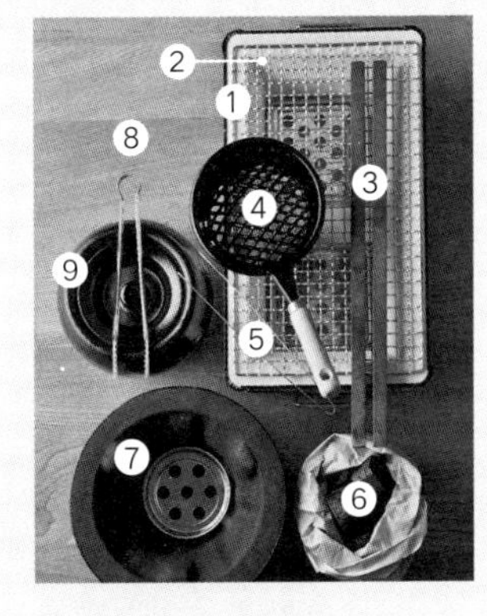

1 方形 BBQ 户外烧烤炉
2 方形 BBQ 户外烧烤炉专用不锈钢网
3 铁条［45cm］
4 引火器
5 烤肉 V 型夹
6 无烟炭［1kg］
7 台式七孔炭炉
8 炭夹［24cm］
9 灭火壶

将点着的炭移放到七孔炭炉时，如果有炭夹的话会很方便。剩余的炭可用灭火壶将火熄灭，并保存起来。熄灭的炭下次再点燃时，会很快被点着，也可以用于调整火势大小。请不要扔掉，妥善存放。

“便利”工具

05 炭火烧烤

"便利"工具

06

烫酒

用烫酒器烫酒，可以使酒保持整体均一的温度，能够不损风味。用微波炉温酒则会出现温度差异，受热不均，而想要用它让酒整体都温热，就有可能会热过头，导致风味受损，减损美酒的味道。为了喝到美酒，就不能嫌麻烦，省去这道工序。

“便利”工具

06

烫酒

像在居酒屋一样啜饮美酒

见 P139

烫酒时使用的工具有温酒器、酒樽等好几种称呼。制作烫酒器的原材料除了铝和锡之外，还有铜、不锈钢等各种各样的材质。顺便一提，据说这些材质中，锡的导热率高，还有抗菌作用，以前甚至将锡质烫酒器列为一等品。现在，锡质烫酒器依然为爱酒人士所喜爱和使用。

虽说这种材质的烫酒器具有导热率高和养护轻松等各种优点，但最关键的还是因为从这个烫酒器中倒出美酒时的兴奋感难以言喻。在寒冷的冬季，身体都快冻僵了才终于回到家，如果此时能将烫好的酒和下酒菜一起端出来，你一定会觉得，“今天努力工作了一天，值了！”心里倍感雀跃。

不过，此时最重要的是酒的温度。迫不及待地品了一口酒，却发现酒被烫得太过，酒精都蒸发掉了，那么之前有多期待和雀跃，此时就会有多失望。针对这种情况的救世主就是烫酒温度计。只需在将酒倒入烫酒器时将其一并放入，就能够显示温度，准确达到自己想要的温度，低温烫、中温烫、高温烫都可以。一边看着烫酒温度计，一边兴奋等待的时光也是一种乐趣。

1 锡质烫酒器［150ml］
2 烫酒器［100ml］
3 烫酒温度计

“便利”工具

07

日式煎蛋卷

用一件工具，使烹饪变成表演

见 P142

制作煎蛋卷的工具有长方形的关西型和正方形的关东型两种。普通高汤厚蛋卷是用关西型制作的。关东型煎蛋锅则多用于寿司店，加入了虾和白肉鱼等肉碎的蛋液用小火咕嘟咕嘟慢慢炖煮，做出的那种类似蜂蜜蛋糕的煎蛋卷，或是将蛋液折回一半后成形的煎蛋卷，都是用关东型做的，这种做法在筑地（东京银座附近）等地很常见。因为小火加热时或是蛋烧成形之际需要使用木盖，而只有关东型的煎蛋锅有木盖。如果是在家庭中使用，那么关西型的煎蛋锅用起来更容易。

还有一种很便利的带油刷的套装，制作煎蛋卷自然不在话下，而在制作御好烧[3]或章鱼烧等时也能派上用场。这种工具无须使用过多的油，就能在食材表面均匀地涂刷一层油。另外，这种工具还能够避免直接从油瓶中倒油时不小心倒多了的失误情况。

还有一件想要和煎蛋卷锅一并向大家介绍的工具，就是亲子锅。虽说亲子盖饭用平底锅或普通的锅都能制作，但将亲子锅中混合了鸡蛋、鸡肉等食材的松软、黏稠的盖饭料盛放到盖浇碗中热乎乎的米饭上时那种紧张感，以及“唰”地成功盛放上去时的兴奋感，只有用这款亲子锅才能体味得到。

1 铜质煎蛋卷锅 关东型［15cm］
2 煎蛋卷锅专用木盖［15cm］
3 油刷
4 铝质姬野造手工亲子锅
5 铜质煎蛋卷锅 关西型［12cm］

“便利”工具

07

日式煎蛋卷

铜质的煎蛋卷锅热传导性较好，所以能使食材受热均匀，做出松软的煎蛋卷。刚开始使用时，要细致、充分地用油刷在整个锅里刷一层油，直到锅沾满油脂，用完之后，不要用清洁剂清洗，只需用热水清洗即可，避免好不容易沾上的油脂被洗掉。

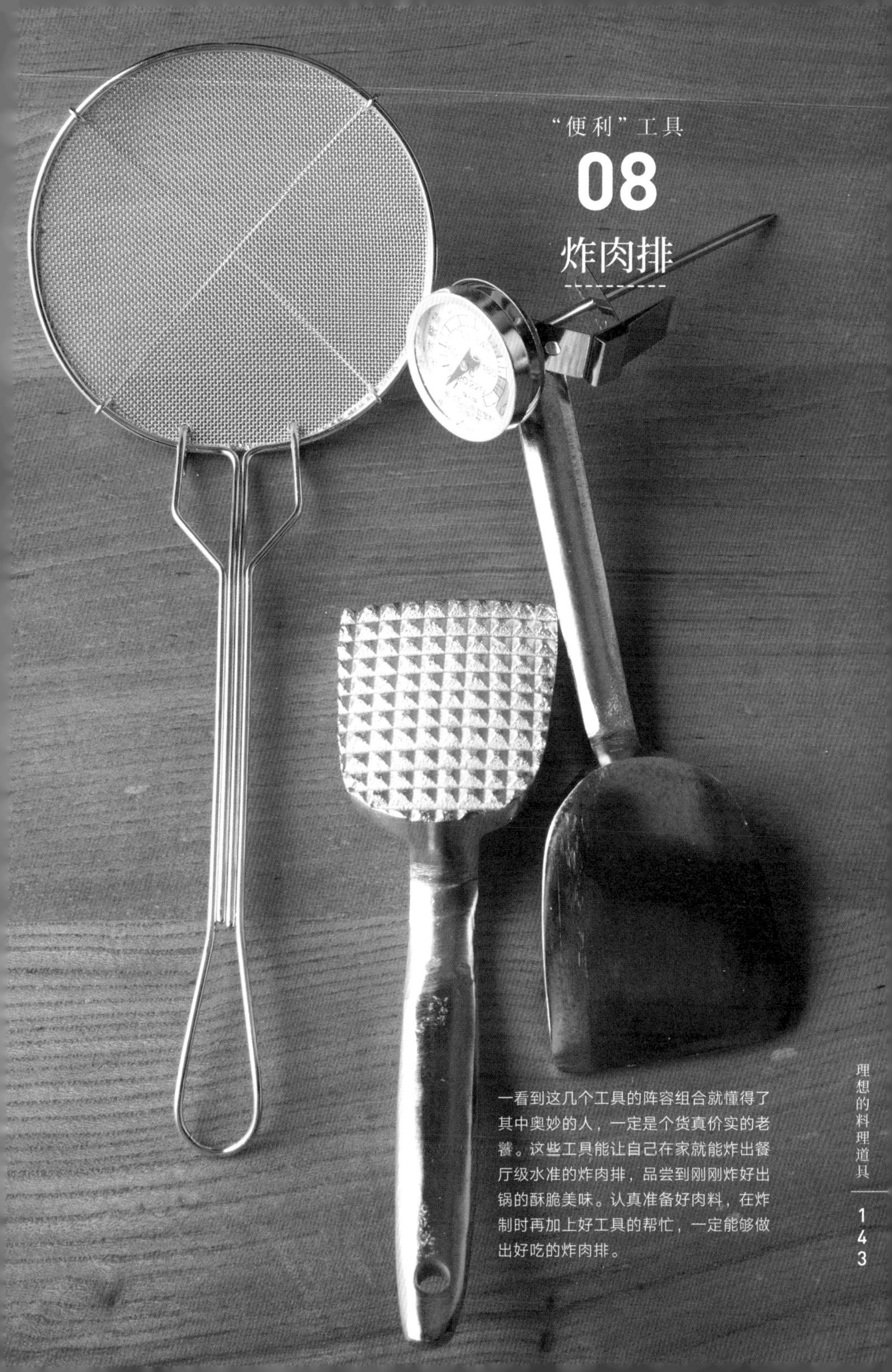

“便利”工具

08

炸肉排

一看到这几个工具的阵容组合就懂得了其中奥妙的人，一定是个货真价实的老饕。这些工具能让自己在家就能炸出餐厅级水准的炸肉排，品尝到刚刚炸好出锅的酥脆美味。认真准备好肉料，在炸制时再加上好工具的帮忙，一定能够做出好吃的炸肉排。

"便利"工具

08

炸肉排

消解压力，提高情绪

见 P143

松肉锤是通过敲打破坏肉的纤维、使肉质变得松软的工具。带凸点的松肉锤还能用于锤断筋比较多的肉，平底松肉锤能使肉块整体成型。也有人会使用红酒瓶等工具，但考虑到可能会用力过猛而敲碎瓶子，还是应该使用专用工具，放心大胆地捶打，这样更安全。在觉得郁闷不畅的日子，买回一块经济实惠的牛排，专心地梆梆敲打，压力就会消解。不仅如此，吃着变得松软的肉，还会有种充电的感觉。

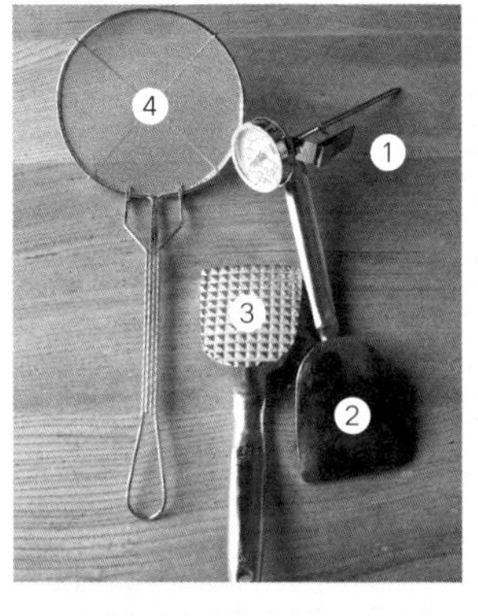

1 油温计
2 松肉锤［平底］
3 松肉锤［带凸点］
4 漏勺［圆］

肉锤松软之后，下一步就是进行炸制了。漏勺是用来筛掉浮在油表面的杂质的。如果任由炸制产生的碎屑浮在油面上，它们就会粘在炸好的食材上，使菜品的品相变得不美观。通过筛滤这一道工序，能使炸出来的食材的成品品相与众不同。漏勺除了可以捞起油炸的食物，还可以捞取炸薯条等小食材，它能够一次性捞起所有食材，所以非常便利。

在油炸过程中使用温度计，能进一步提高油炸食物的质量。通过声音，或是通过分辨裹食材的面衣产生的气泡来判断油炸物应炸制的合适温度非常困难。为了避免失败，与做调味料一样，对温度进行测量非常重要。

“便利”工具

09

正宗的焖蒸

进一步享受健康生活

见 P146

如今，蒸食在女性消费者中非常受欢迎。备齐了真正好用的工具，能制作的菜肴范围就会进一步拓宽。好工具不仅能蒸制点心，还能制作茶碗蒸、布丁、蔬菜以及肉类和鱼类等，使用范围非常广泛。总之，蒸食无须使用油，因此非常健康，蔬菜经过蒸制，体积会减小，所以比起生食，能吃下更多。

蒸笼分为笼盖和笼屉。蒸制不能仅使用蒸笼，蒸笼下面还必须使用蒸锅，蒸锅中的水沸腾后蒸发出的蒸汽才是蒸制的关键。如果能备齐多层蒸锅套装，就会非常便利。蒸锅在不使用蒸笼时还可以当作普通的锅使用。反过来，根据目前已有锅的大小，购买能搭配使用的笼屉也可以。碰到这种情况的话，推荐将锅子带到店内去购买笼屉。

进行实物比较的原因是，如果蒸锅比笼屉大，笼屉不能正好嵌入，就会不稳定，而蒸锅太小的话，与笼屉间会出现缝隙，使蒸汽漏掉，无法很好地发挥出蒸锅的功能。即使量好尺寸去购买，也有可能因为形状不一致，而导致不能严丝合缝，因此，一想到好不容易买回来的蒸笼不能匹配的打击，还是最好不要偷懒，将实物带去购买方为上策。

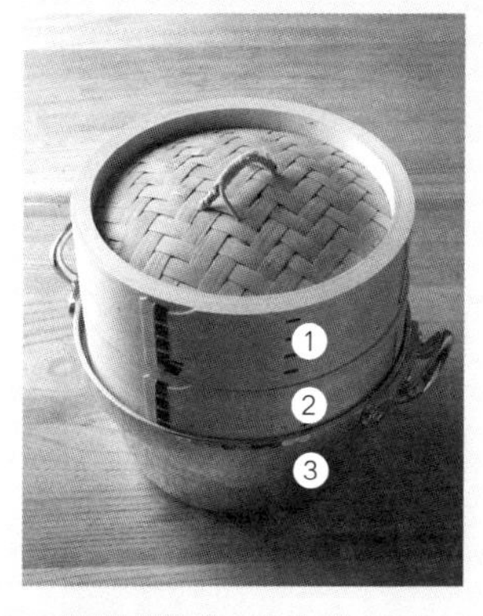

1 中华蒸笼笼盖［21cm］
2 中华蒸笼笼屉［21cm］
3 铝质姬野造手工多层蒸锅［21cm］

"便利"工具

09 正宗的焖蒸

虽然也有不锈钢蒸锅，但对于更讲究的人来说，还是这种套装更合适。多余的水分能被蒸笼的竹子吸收，让人能够享受到蒸制热气腾腾的美食的乐趣。打开盖子那一刻，升腾的热气扑面而来的同时，空气中飘浮着食材的美妙香气，真的是幸福的瞬间。

“便利”工具

10

鱼的处理

处理鱼或许并不是个小工程，但只要有好的工具，就会一下子充满干劲。虽说出刃等菜刀广为人知，但实际上，使用这些小工具能让烦琐的工序变得非常轻松。使工作变得更简单，可以说这才是工具原本的作用。

“便利”工具

10

鱼的处理

难度较高的菜肴也有工具辅助

见 P147

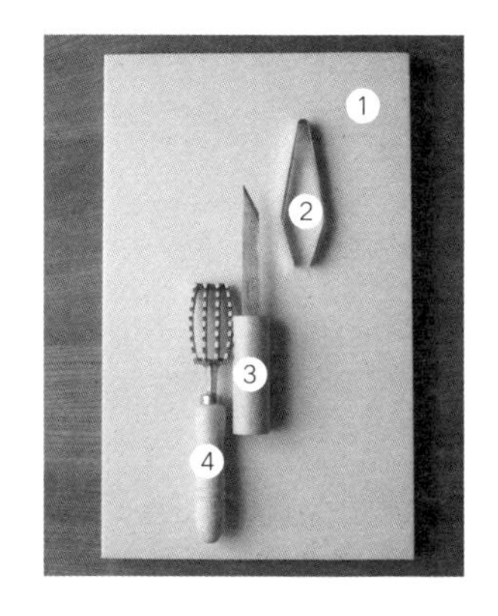

1 软砧板
2 拔鱼刺夹
3 撬壳刀
4 刮鳞器

不同材质的砧板，特点也各异。塑料砧板不会发霉，较为卫生，但容易伤到菜刀的刀刃，无法长时间保持刀刃的锋利度。相反，木砧板能较好地保护菜刀，但较易发霉。在这一点上，软砧板既卫生，又能保护菜刀，兼具二者之所长。

处理鱼时，鱼刺是关键。不喜欢鱼的人大多是因为挑鱼刺太麻烦，或是曾经不小心遇到鱼刺卡在喉咙里的状况，总之都是鱼刺惹的祸。因此，在处理鱼时，要使用拔鱼刺夹稍加处理。拔鱼刺夹分为关东型、关西型、斜型、宽型、钳子型等多种类型，可选择自己用着顺手的类型。

在处理真鲷等带鱼鳞的鱼时，如果使用刮鳞器就会让这项工序变得很轻松。“噼里啪啦”轻松刮下鱼鳞时甚至会觉得很好玩。不过，请注意不要让鱼鳞四散飞溅。

对鱼的处理掌握得差不多时，接下来就是处理贝类了。撬壳刀也根据贝种类的不同有多种形状。虽然也有人使用菜刀撬壳，但这样不仅容易伤到手，还会损伤刀刃，所以还是建议使用专用的工具。

STORY OF
GOOD COOKING TOOLS

优质厨具的佳话

4

缩短与厨具间的距离感——『刻名字』

在经常使用的厨具或喜欢的厨具上刻上自己的名字，就会不知不觉地仔细打理和对待它，并会因珍视它而经常使用。“刻名字”具有意想不到的强烈效果。

一般我们比较熟知的是在菜刀上刻名字，但在釜浅商店，你可以在铜刷背面的金属部分或平底锅的手柄、锅具的锅身等部位刻上名字，只要是金属器具，几乎都有刻名字的服务。根据金属器具的不同材质，有时会采用手工刻，有时则会使用砂轮打磨上去。

于是，店里会遇到各种各样想要刻名字的客人，有的要在厨具上刻上自己的名字，有的想要刻上被赠送者的名字，有的则要求刻上孩子或宠物的名字。

还有的客人要求刻上星星或心形图案。通过这种在厨具上刻上名字及图案的方式，厨具变成了专属于自己的唯一，使用者与厨具间的关系也迅速加深了。

在使用的过程中，或许刻名字的部位不再像最初使用时那么显眼了，但它却是你好好养护用具的证明。

在专业厨师与厨具匠人之间建立联系和桥梁就是我们厨具专卖店的工作，我们时常会汇总使用者的心声和制作者的想法，制造出更优质的厨具。炭火烧烤炉“YK-T”的诞生过程中，也正是三个对肉有着深切之爱的人的智慧集合在一起，才使完成的过程充满了热血与激情。

特别篇

炭火烧烤炉“YK-T”是如此诞生的！

『想吃美味的烤肉！』男人们『爱吃肉』的纯情创造出的厨具

总是轻松解决无法解决的难题
厨房器皿生产厂商“照姬”
董事 植先生

想到点子就毫不犹豫地
迅速行动
“釜浅商店”店主 熊泽大介

为了把肉烤得更好吃
而拼命努力
“裕师炭火烧烤店”店主 樋口裕师

三者共同开发的炭火烧烤炉“YK-1”。
成功制作出了集不锈钢烤网和铸铁铁板两种烧烤方式于一身的烧烤炉。

最靠前的是第一代机器。二代机器为了防止烤网和铁板错位，在四角做出了尖角［右］。三代机器做了进一步改良，将四边围了起来［左］。

炭火烧烤炉“YK-T”是如此诞生的！

“想吃美味的烤肉！”不断改良，探求理想的厨具

内脏和肉，两者的烧烤方法不同

“我想要做出本店专用的烧烤炉”，经常到釜浅商店买厨具的“裕师炭火烧烤店”店主裕师先生某天来找我咨询。裕师先生不断探求烤肉之道，追求如何才能将肉烤得更好吃，他历经25年岁月后得出了这个答案。

内脏如果不烤透就不好吃，所以最适合用烤网烧烤。而相反，牛背肉等肉类则最好将表面烤焦，让内里保持水嫩多汁，要想烤到这种程度的话，用烤网就不合适，会烤得太过。最理想的应该是在铁板上将肉的表面快速煎烤，锁住肉内部的汁水。

迄今为止我接触、销售过各种各样的厨具，却从没见过烤网和铁板两者都能使用的烧烤炉。不过，对于原本就非常爱吃肉的我来说，听了这么好的主意，绝对不会放任不理。于是，我当场就回复他：“我们一起做吧”。

我马上联系了厨房器皿生产厂商“照姬”的植先生。我常向他提出“想要这样的厨具”，委托他制作新厨具。虽然总体来说我的想法和灵感很多，但他每次都能将其付诸实践，做出我想要的东西，是一位可靠的合作伙伴。而且，他也非常爱吃肉。“要是能做出两者都能使用的烧烤炉，那就是划时代的创举。”“那我们一起去做吧”，他爽快地答应了。

然后，一周之后，他带来了第一代烧烤炉的试用品。铁板是铸铁材质的，因此得新做一件金属模具。但是，我们负担不起这个成本，于是就挪用了煤气炉专用的铁板，所以做出的烧烤炉是长方形的。因为台式烧烤炉大多为圆形的七孔烧烤炉，因此从外形上讲，这件产品令人耳目一新。我们立即就在裕师先生的店里试用了这个烧烤炉。

结果发现只要一放上烤网就会错位，炭火的火势也太大了。而且虽然将高度又加高了3.5cm，在烤炉四角也加上了

现行版本的五代机器设计成了3层的构造，可以隔热和储热。

改良过程中也发生过把桌子烧着的状况。

裕师炭火烧烤店［东京·涩谷］。裕师先生走访、遍尝全国所有烤肉名店，探求美味的烧烤方法和酱汁，他做出的烤肉已经达到了超越烤肉料理领域的境界。这样的烤肉店直到关门，排队等位的客人还络绎不绝，是东京都内屈指可数的人气名店。

防止错位的尖角，但还是会从烤炉侧面淌出油脂和酱汁。结果，最后我们又进行了改良，将炉子四周围了起来。

内部构造由2层变为了3层，更具功能美

这件三代烧烤炉内部的抗火石耐久性很差，出现了碎裂等问题。因此，我们将石头换成了铁。本以为这下总算完成了，但没过多久，这次又因为内部密闭使炭火的热量被阻隔，发生了烧烤炉的底部过热而烧着桌子的“惨剧”。

最终，我们将2层构造换成了3层构造，才得以阻隔底部的过热，也达到了储热的效果。我们大约花费了一年的时间，做了5台试用品，才研制出了烤网和铁板两者都可使用的烧烤炉。

虽然这款烤炉是裕师先生店里特别定制制作出来的，但因它非常优质，所以我征得了他的同意，也在店里对外销售。顺便说一句，“YK-T”这一名字取自裕师先生名字的首字母Y和釜浅商店首字母K，T则代表了我和裕师先生喜欢的车——保时捷911基本型号。911之后又推出了E、S、RS等升级版车型。也就是说，我们不能就此满足，而要继续去完成未竟的事业。

实际上，裕师先生也已指出，“如果能够调整火力大小就好了”“铁板的缝隙宽度再窄一点能更有效率地将肉烤熟”等新的可改良之处。无论如何都想要吃到美味烤肉的我们对“肉的喜爱”之情暂时还不会减退。

LET'S COOK!

手工铁打平底锅特辑

与野村友里一起，用18cm手工铁打平底锅烹饪菜肴

与我相熟的美食导演野村友里在工作中非常喜欢使用手工铁打平底锅。据说她私下也经常使用平底锅进行烹饪。因此，我向她请教了如何用平底锅轻松制作美食。

COOKING

“小巧的平底锅清洗起来也比较容易，更容易让人产生做菜的欲望。”——野村

当我去拜访野村女士位于东京原宿的精致店铺“restaurant eatrip”时，发现野村女士的厨房中使用的是铁打平底锅中最小的锅型——18cm 平底锅。这个尺寸对于我家这个五口之家来说太小了，根本不可能使用。用这么小的锅，到底能制作出什么样的美食呢？

身边拥有能让人充满干劲的厨具，令我很开心

野村 我非常喜欢这个尺寸的平底锅。因为它不会使做菜这件事显得太大张旗鼓，所以早上刚一起床看到它就想要马上去做饭。制作便当中的小菜时也很方便。这个小平底锅清洗起来比一般锅具更容易，太大的平底锅因为较重，所以往往会令人嫌麻烦不愿清洗，有时甚至难以让人产生想要做菜的意愿。

熊泽 嗯，这一点很重要。能令人看到厨具后想要去烹饪，很重要，对于厨具本身来讲，也是一件幸事。

野村 而且，虽然这口锅很小，但能做的却很多，用途很广。最重要的是，用这口锅能烤出漂亮的焦痕。据说焦痕漂亮，就说明烹饪水平高。

熊泽 能产生焦痕是这口铁打平底锅最大的优点。因为具有储热性和保温性，所以能很好地烤熟食物，但因为铁有一定的厚度，所以也不会把食材表面烤得太焦。

野村 是的。比如煎鸡肉时，能将肉煎得非常硬，鸡肉表面会煎出非常漂亮的焦痕。光是看到这种焦痕，就令人心情愉悦，食欲大增。在日常烹饪中发现微小的喜悦，也能令人感到高兴吧（笑）。

熊泽 得到野村女士这么高度的评价，厨具肯定也会更加展示出美好的一面吧（笑）。

重新审视简单的料理方法

野村 这种平底锅在您的店里也能卖很多吗？

熊泽 这款锅在我们店目前是销量排名第一的热卖商品。我从开店后开始关注厨具的销售情况，才深刻体会到大家的生活方式已经发生了改变。

野村 您认为发生了什么样的改变呢？

熊泽 过去曾经流行过意大利料理，最适合制作意大利面的铝质平底锅曾一度大卖；到了西班牙料理开始流行时，西班牙海鲜锅开始热卖；而到了最近，大家则不再关注海外耳目一新的料理，日本以往曾经使用过的传统厨具又受到了关注，积攒人气。

野村 原来如此。以往滞销的厨具现在开始热销了，是吧。

熊泽 比如柴鱼刨。以往销量很少，但如今却非常受消费者欢迎，甚至有时候会出现缺货、断货的情况。看来，想在家里自己刨柴鱼花做高汤，或是想要体味与袋装速食柴鱼花不同风味的消费者变多了。

野村 今天我就想制作三道能产生这种漂亮焦痕的菜。分别是“牛肉罐头脆烤土豆丝”“法式菠菜煎蛋卷[4]”以及“香煎红金眼鲷配凤尾鱼酱和绿酱[5]”。

熊泽 哇！太期待了。光听到这些菜的名字就叫人流口水了。实际上18cm的平底锅比较小，因此，我在家没有使用过。但是，今天看到了野村女士使用18cm平底锅，我也想要拥有一个了。不过我老婆肯定又会骂我乱添置厨具，抱怨“都没地方放了”（笑）。

野村 以前我制作电影 *eatrip* 时，曾拍摄过一个镜头，将鸡蛋在平底锅沿上磕开，让蛋汁流入锅内，当这一幕在大屏幕上放映出来时我非常感动。蛋黄的黄色在锅内“啪”地扩散开来的场景非常新鲜夺目，总之非常漂亮。观众的情绪一下子就高昂起来了。

熊泽 因为是将铁质平底锅充分加热后进行烹饪，所以放入的食材就像舞蹈一样在锅内翻腾。

野村 光是听到食材放入锅内那一瞬间发出的“滋滋”声，也会情绪高涨。因为还是要每天做饭，所以在某一点上给自己加上个开关，这一点很重要。

“我家没有这个尺寸。看了野村女士使用这件厨具，也想要拥有一件。”——熊泽

RECIPE_1

牛肉罐头脆烤土豆丝

材料［1 人份］

土豆……1 个
太白粉……2 小匙
橄榄油……1 大匙
牛肉罐头……40g
盐……适量
红辣椒粉……适量
酸奶油……1 小匙

做法：

1. 土豆切丝，加入牛肉罐头充分搅拌，直到析出水分，静置片刻（因牛肉罐头中已有盐分，所以请根据口味适量添加盐进行调味）。
2. 在 1 中加入太白粉，整个搅拌均匀，在烧热的平底锅中倒入橄榄油，将土豆丝均匀平铺在平底锅内。用小火慢煎，直至两面均烤成金黄色后，即告完成。在成品上撒上红辣椒粉、调味粉、酸奶油后出锅。

RECIPE_2

法式菠菜煎蛋卷

材料［1 人份］

鸡蛋……1 个

鲜奶油……1 大匙

盐……1/3 小匙

胡椒……适量

黄油……20g

菠菜……4 根

※ 可根据口味在成品上撒上适量芝士粉

做法：

1. 在加热好的平底锅中放入 10g 黄油，快速翻炒切成入口大小的菠菜，撒上少许胡椒后盛出。

2. 将蛋白与蛋黄分别放在两个碗中，在蛋黄中加入鲜奶油、胡椒后充分搅拌。在蛋白中加入盐，用打泡器充分打泡，直到泡不会落下的程度，快速将蛋黄混合在一起（避免过度混合使泡消失）。

3. 在加热好的平底锅中放入剩余的黄油，倒入两种蛋液，并撒入 1。待平底锅的底面变色后，用木铲将蛋饼翻起对折，靠着平底锅的锅沿调整蛋饼的形状，煎制数秒后出锅。

［文接 157 页］

“长期使用就会喜爱上它，完全不想再借给别人了。”——熊泽

野村 这是件好事呢。

熊泽 而且，虽然市场上高性能的电饭煲应有尽有，但特意想用铁釜烧饭而来店里购买铁釜的人也增加了，这些人中不仅有专业厨师，还有很多普通消费者。炭火烧烤炉也卖得不错。看来，人们似乎已经不再想要做出种种新奇的口味，而是开始想要引出材质本身原有的风味，重新考虑最基本的、简单的烹饪方法了。

野村 确实如此。我每年夏天都会在山中的家里度过，在那里我有一块农田，从几年前起，就开始种植蔬菜了。番茄有 5 种，茄子有 10 种，土豆的品种甚至多达 15 种。每种蔬菜都非常好吃，就连我那个平时不吃蔬菜的侄子也对从地里摘来的蔬菜情有独钟，吃得很香。因为自己吃不完，所以我就将这些蔬菜拿到店里去做了，在思考菜品时，我会尽可能将各种蔬菜的原味表现出来。

熊泽 烹饪手法变简单之后，人们对与之相配的厨具的关注度也更高了，铁质平底锅之所以大受欢迎也是源于此吧。

野村 因为铁质厨具会生锈，所以打理上比较费工夫，但像这样花费工夫打理也是一种乐趣。看来对这种感觉，大家都开始有所体悟了。

我手头拥有的厨具都是经过精挑细选的

野村 我自己也真切感受到，随着年龄渐长，对饮食和生活也越来越讲究，与此同时，对调味料和厨具这类东西也比以往更重视了。厨具对我的吸引一年深过一年。我并不是不断地买进、添置新厨具，说到底我只是不想在身边放置无用的东西。基本上不想再增加任何东西。如果可能的话，我只想在身边留一些必要的东西。

熊泽 我们售卖的厨具并不是一件包打天下的万能厨具。说到底，这些厨具是笨拙的，只能用于一种

用途，但在这一种用途上不会输给其他厨具。日式菜刀估计是其中之最。在日式菜刀中，每种刀都刀身细长，且用途各异，全都是自身领域中的专家。但我认为，日本人正因为使用了这种厨具，才创造出了美好且极具独创性的日式美食。

野村 我经常送别人分餐筷和芝麻煎锅。虽然它们是专用厨具，只能在特定的场合下使用，但如果有了这些厨具就会非常开心。而且很想要使用它们。用了分餐筷，在想要添点萝卜苗的时候也能更坚决了呢（笑）。

熊泽 有了这些厨具，生活就变得更有乐趣，更丰富多彩了。

野村 更重要的是，这些厨具的形状十分可爱，外形的设计无论在哪个时代都不会过时，具有普遍性和美观性。

熊泽 是这样。而且如果精心打理、长期使用的话，就能保养得非常好。

野村 确实，到时候厨具的质感和色泽都变得很温润，让人觉得很有价值。

熊泽 使用者也会越用越喜欢，越来越爱惜和珍视这些厨具。到了这种地步，就不想借给别人了。会想说这个是我的，你们用别的吧（笑）。

野村 啊，我明白那种感受。我对这口平底锅也是这样。随着不断使用，浸润了油脂，锅体散发出了黝黑的光泽，变得更加可爱了。这样一来，我就更喜爱它，想把它放在总能看到的地方。如果看不到这口锅，总觉得很不开心，因此就不再把它收进柜子里了。

熊泽 不放在厨房的柜子里更美观，真是厨房的一道风景呢。

野村 而且因为我把它放在经常能够看到的地方，所以就总是想用它做点儿什么菜。结果就是我每天都会用到它。

熊泽 您真是和厨具建立了良好的关系呢。像野村女士这样对待厨具，厨具也会感到高兴，而且厨具会回报使用者的认真，不断展现出更好的风貌。

野村 像这样与厨具一起生活，我觉得好像能够过得更快乐。啊，菜快做好了。

熊泽 这道菜看着太好吃了，我这就尝尝。今天能有幸和您谈话，听到您深入的见解，非常有意义。

野村 我也是，能跟您探讨厨具的话题，非常开心。

“想把喜欢的厨具放在总能看到的地方，不想把它收起来。”——野村

RECIPE_3

香煎红金眼鲷配凤尾鱼酱和绿酱

材料［2 人份］

红金眼鲷鱼……2 块
盐……适量
高筋面粉……适量
橄榄油……适量
水……40cc
凤尾鱼酱……1 大匙
刺山柑……2 大匙
柠檬……适量

< 绿酱 >
大蒜……3 瓣［切碎・约 2 大匙］
橄榄油……4 大匙
意大利欧芹……半袋［切碎］

做法

1. 制作酱料。在倒入了橄榄油的平底锅中加入大蒜碎末，小火加热，慢慢加热直至蒜末飘出香味并稍微变色时，加入欧芹碎并熄火。

2. 红金眼鲷鱼两面撒少量盐，煎制前在鱼身抹上一层薄薄的面粉，在加热后的平底锅中倒入足量橄榄油，大火煎制表面。待鱼肉飘出香味并变色后，加入水和凤尾鱼酱，盖上锅盖用中火蒸煮直至鱼肉熟透，加入刺山柑后煮熟即可。在盘子上盛放好金眼鲷鱼，在成品上淋上绿酱和柠檬。

和您一起聊了厨具的话题，非常开心。

烤得刚刚好的牛肉罐头腌烤土豆丝真是绝品。

我对厨具的兴趣又进一步加深了。

野村友里

美食导演，主办了美食创作团队“eatrip”。通过送餐服务、杂志连载以及电台广播等，多方面展现饮食的可能性。2009 年导演了表现人与食物关系的电影 *eatrip*。2012 年 9 月，于东京原宿开设了“restaunt eatrip”餐饮店。

结语

让我们重新审视对待厨具的方式吧！

我们厨具店所销售的商品，只要你想买，在百元店就几乎能够全部买到。如果单从价格上比较，我们确实没什么竞争力。比如单柄锅，我们店销售的 18cm 铝质姬野造手工雪平锅卖到了将近 9000 日元，几乎是百元店价格的 90 倍。

但是，我们以这种价格进行销售不是没有原因的。因为这里存在着“道理”。为了更结实而认真地用铁锤敲打出厨具；为了让导热更平缓均匀，使用较厚的铁板材质；为了防止木质手柄“咔嗒咔嗒”作响，将手柄前端设计得较细，变成锥形。无论哪道工序都很费时费力,但这么做只是为了做出美味佳肴,忠实地遵从这个“道理”而已。

买便宜货，不好用了就扔掉再重买新的，虽然这也是没办法的事，绝不能说是错误的，但也不能说这么做是件好事。

购买优质厨具，一边认真打理，一边长期使用，自己亲手养护厨具，原本，日本人就是在这样的文化氛围中生活的。抱着珍视和爱惜之情去对待厨具，能够让使用者与厨具之间产生良好的信赖关系，而这份信赖最终能够使厨具升华成为无可替代的、只属于自己的厨具。

最后，本书能够得以出版，要感谢爽快地接受访谈的专业厨师们，他们是“高野”的高野先生、“醋饭屋”的冈田先生、“organ”的绀野先生、“鱼之骨”的樱庭先生、“裕师炭火烧烤店”的樋口先生以及野村友里女士。还要感谢放下手中的工作跟我畅谈的、对日本弥足珍贵的匠人们——“及源铸造”“山田工业所”的山田社长、“姬野造”的姬野先生、“田中拓打刀具”的田中先生、“白木刀具”的白木先生、“川北刀具”的川北先生、“川泽刀具工业”的川泽先生、“照姬”的植先生。

我要感谢给予本书出版机会的PHP研究所的渡边先生、佐藤俊郎先生，为本书拍摄了精美照片的三木先生和远藤先生，负责设计的细山田先生和藤井先生，负责画插画的盐川先生，以及始终为本书提供恰当建议的出口先生和广濑先生。

另外，借此机会，还要向包括长谷川先生在内的喜爱“釜浅团队”的所有支持者们说一句：能与大家共事，是我最值得骄傲和自豪的事。而让菜谱页始终保持高水准、不断制作出美味佳肴的是我的妻子三惠子，她让我深感骄傲。我还要对我的父亲表示感谢。通过这本书的创作，我再次深切感受到自己在不知不觉中对父亲的理念又有了重新认识。

虽然我们只了解厨具的相关知识，但如果能通过我们的努力，让大家在每天的日常生活中，能更重视对待厨具的方式，那一定能让我们的生活变得更加丰富多彩。衷心希望本书能够让大家做出改变。

大正时代

昭和二十年代
[1945—1955年]

昭和初期

釜浅商店历史变迁

1908 [明治四十一年]
出生于东京八王子市的初代店主熊泽巳之助在东京合羽桥开创了“熊泽铸物店”，主要销售以铁釜为主的铸铁物。

1953 [昭和二十八年]
第二代店主熊泽太郎将店名变更为“釜浅商店”，意为浅草的铁釜商店。

1963 [昭和三十八年]
第三代店主熊泽义文进入商店工作。从这个时期开始，店里为顺应时代需求，开始同时经营煤气灶、不锈钢水槽等，开发出了中华灶和釜烧饭灶等独创商品。

1980 [昭和五十五年]
在这一时期，釜浅商店成为东京首家开始经营南部铁器的商店。接连设计研发出了浅锅、什锦火锅等独创商品。

1991 [平成三年]
长谷川滋（见P69）进入商店任职，奠定了现在釜浅商店风格的基础。开始提供在厨具上“刻名字”的服务。

1993 [平成五年]
在这一时期，开始着力推广、销售目前的主力商品——炭火烧烤炉。

2004 [平成十六年]
第四代店主熊泽大介就任。

2008 [平成二十年]
于东京广尾开设分店（于2012年歇业）。

厨具周边的世事变迁

1991 日本泡沫经济破裂。经济低迷，餐饮界失去了活力，合羽桥的客流量也减少了。

1993 富士电视台系列节目《铁人料理[11]》开始播放。明星厨师开始在电视上出现，民众对烹饪的关心度开始提高。

1996 *SMAP×SMAP*[12] 开播。特别是“*BISTRO SMAP*[13]”的节目单元非常受欢迎。来合羽桥购买厨具的普通消费者开始增多。

2000 日本卷起了空前的拉面热。人们开始重新看待铁釜和炉灶。

2007《东京米其林指南》创刊。爱用釜浅商店的厨具的专业厨师所在的店铺也有很多获得了米其林星级。到合羽桥观光购物的外国客人开始增多。

重新印刷 LOGO 标志，店内重新装潢 [2011 年]

品牌重塑 [2011 年]

摄影 [包括左边照片] : 宫本启介

2011 [平成二十三年]

- 4 月 结识了 EIGHT BRANDING DESIGN 的品牌设计师西泽明洋先生，进行了品牌重塑。同时将“良理厨具”这一概念重新进行了明文化规定。
- 11 月 与东京涩谷的“裕师炭火烧烤店”共同开发出了炭火烧烤炉“YK-T”，并对外发售。

2012 [平成二十四年]

- 1 月 开始运营限时商店“移动式釜浅商店”。在东京六本木的 Souvenir From Tokyo[6] 参展。
- 4 月 店内美术展览“KAMANI”开幕。
- 9 月 开发和售卖“釜浅手工铁打平底锅”。
- 11 月 于涩谷 HIKARIE[7] 设置移动式釜浅商店。

2013 [平成二十五年]

- 3 月 于东京 · 世田谷 D&DEPARTMENT[8] 东京店举办了“合羽桥的专业厨具展——釜浅商店”。
- 9 月 参加巴黎举办的设计活动——“设计周”。
- 10 月 入驻 D&DEPARTMENT 东京，开设店内商店（in shop）。

2014 [平成二十六年]

- 4 月 于巴黎的画廊“NAKANIWA”举办了首个海外单独展览“日本厨刀及历史”。
- 5 月 在位于东京 · 六本木的东京中城[9] 开设移动式釜浅商店。
- 6 月 于涩谷 HIKARIE 设置移动式釜浅商店。
- 12 月 于神奈川县藤泽市的湘南 T-SITE 茑屋书店内开设店内店。

2015 [平成二十七年]

- 1 月 在旧金山 Heath Ceramics[10] 举办的展览活动“DASHIKATACHI”中参展。这是釜浅商店在美国首次参加的展销会。
- 3 月 熊泽大介首本著作出版。

2008 雷曼事件发生。经常光顾广尾店的在日外国人急剧增加。

2011 东日本大地震爆发。引发了民众重新审视生活方式的契机。

2012 东京晴空塔对外开放。东京下町获得了民众的广泛关注，合羽桥也更繁华兴盛了。

2013 日本料理被联合国教科文组织收录为世界非物质文化遗产。日式厨具获得了全世界的瞩目。

2014 受日元贬值的影响，外国游客急剧增加。

1 紫心木，心材具独特的紫褐色。木材重硬，结构细而均匀。

2 丁纳橡胶，一种合成橡胶。

3 御好烧，源自日本的一种小食。用水混合面粉，放在平面铁板上烤，加上葱、豆芽等少量蔬菜，类似天津煎饼一样的食品。

4 煎蛋卷，omelette，法式料理，摊鸡蛋、鸡蛋饼（常加入奶酪、肉和蔬菜等）。

5 绿酱，一种意大利料理中添加的酱料，主要原材料为酸黄瓜、刺山柑、欧芹、橄榄油、沙丁鱼、酸味白酒、大蒜等。

6 全世界范围内各行各业的设计师和设计品齐聚于东京的一个杂货展示活动。无论物品新旧，设计师是否知名，展品风格传统还是现代，所有设计品都聚集于一条街道向大众展出，向世界传递东京风格。

7 涩谷 HIKARIE 为位于东京涩谷车站东口的复合型商业设施，集百货商店、餐饮店、音乐剧场、办公楼于一体。

8 以永续生活为主题，从设计的视角重新审视生活及旅游观光的细节。以销售家具、杂货的店铺和咖啡厅为据点，在日本各个县市形成了社区团体。

9 东京中城，位于东京都港区的多用途都市开发计划区。

10 “heathceramics”（1911 年—2005 年，中文名称：希思陶瓷）始建于 1948 年的美国旧金山，创始人 Edith’s 对陶瓷产品的热情和对陶瓷工艺水平的研究同时也促进了黏土和釉的发展进步，使得“heathceramics”获得史上的独特地位。她的作品被设计成单窑烧制，比正常温度较低，从而节约能源。

11 《铁人料理》（料理の鉄人，英文名为 *Iron Chef*）是由日本富士电视台于 1993 年 10 月 10 日至 1999 年 9 月 24 日期间播出的竞技类烹饪节目，由日本电视工作室制作，共 309 集。《铁人料理》在日本热播后被美国美食频道（Food Network）翻译配音成英语，随即在国际上引起了收视轰动，并引发了美国、英国、澳大利亚、泰国、越南、印尼、以色列等当地模仿的衍生版。2012 年 10 月 26 日，富士电视台在 13 年后重新推出了《铁人料理》系列的新版本——《铁厨》（Iron Chef，日语：アイアンシェフ）。

12 日本富士电视台与关西电视台共同制作，由国民偶像团体 SMAP 主持的人气综艺节目，内容以 BISTRO 料理、短剧、歌手专访为主，参与嘉宾不乏国际巨星，1996 年 4 月 15 日开播，至今收视率一路长红，收视率更是经常创下日本综艺节目之冠。

13 内容为介绍和制作 BISTRO 料理，即法式家常菜品的节目。

釜浅商店

东京都台东区松之谷 2-24-1
TEL: 03-3841-9355
http: //www.kama-asa.co.jp/

图书在版编目（CIP）数据

理想的料理道具 /（日）熊泽大介著；王思怡译. --
北京：中信出版社，2017.11
ISBN 978-7-5086-7159-8

Ⅰ. ①理… Ⅱ. ①熊… ②王… Ⅲ. ①炊具－指南
Ⅳ. ①TS972.21-62

中国版本图书馆CIP数据核字(2017)第000760号

理想的料理道具

著　　者：[日]熊泽大介
译　　者：王思怡
出版发行：中信出版集团股份有限公司
（北京市朝阳区惠新东街甲4号富盛大厦2座　邮编　100029）
承 印 者：北京华联印刷有限公司

开　　本：880mm×1240mm　1/32　　印　　张：5.5　　字　　数：86千字
版　　次：2017年11月第1版　　印　　次：2017年11月第1次印刷
京权图字：01-2017-6690　　广告经营许可证：京朝工商广字第8087号
书　　号：ISBN 978-7-5086-7159-8
定　　价：48.00元

图书策划：楚尘文化